알기쉬운

전기동차 구조 및 기능 I

특고압 장치

원제무 · 서은영

박영사

머리말

　좋은 책과 좋은 삶에는 공통점이 많다. 사람의 마음을 움직이고, 깨달음을 주는 책이 좋은 책이다. 책을 읽고 공부하여, 본인이 원하는 전문 분야에서 일을 할 수 있는 기회가 주어진다면 그게 바로 좋은 책일 것이다. 이런 관점에서 철도 분야의 책들은 어떨까?

　4차 혁명시대가 우리 곁에 성큼 다가와 있다. ICT 기술이 모든 산업 분야와 융합하여 새로운 부가가치를 창출하고 기술혁신을 이루어 내고 있다. 그러나 철도 분야의 ICT 기술 융합은 타 분야에 비해 제대로 이루어지지 못하고 있는 것이 현실이다. 4차 산업 혁명 시대에 대응하려면 교육 인프라에 대한 투자가 집중적으로 이루어져야 한다. 교육 측면에서는 무엇보다 철도 전문가 양성에 주력해야 한다. 전문인력 양성이 가능하도록 교육을 혁신해 나가려면 학생들에게 교육을 제공하기 위한 철도 관련 교재나 참고서의 저변이 확대되어 있어야 한다. 저자들이 발품을 팔아 철도 관련 서적을 찾아다니다 보면 금방 철도 관련 참고서적과 문헌의 뿌리가 탄탄하지 않음을 알 수 있다.

　철도차량운전면허 시험과목을 강의를 하다 보면 미로를 헤매는 것 같은 기분이 든다. 특히 전동차구조 및 기능 강의는 그렇다. 분명 어딘가 출구가 있을 것 같은데, 금방 찾을 수 있을 것 같은데도 말이다. 학생들도 출구를 찾아 끊임없이 헤매다 그 난해함과 막연함에 지쳐 쓰러져 주저앉고 마는 경우가 허다하다. 철도차량운전면허 관련 철도 강의교재가 너무 딱딱하고 어렵게 구성되어 있음을 알 수 있다. 책이 너무 전기회로도 중심으로 구성되어 있다. 어려운 전기이론과 회로를 전기동차에 알기 쉽게 접목을 시켜 맛깔스럽게 풀어내지 못하고 있다. 그래서 전기동차 구조 및 기능 책은 학생들이 가까이하기에는 너무나 먼 교재이다.

아울러 철도 전문가들이 이런 신기술을 모른다면 더욱 융합화해가는 철도차량 운영 환경에 어떻게 적응할 수 있는 것인지 궁금하기만 하다. 교재의 힘은 시대의 흐름을 따라가는 생명력이다. 그래서 생명력 있는 교재는 좋은 교재라고 한다. 그런 맥락에서 철도차량운전 면허 시험교재들은 생명력이 약하다.

운전이론, 철도관련법, 예상시험문제 등과 같은 과목은 몇몇 대학교수들의 서적이 눈에 띄고 있으나 전동차 구조 및 기능 책만큼은 공사 교재 이외에 보이질 않는다. 이는 철도 관련 교수나 연구진들이 그만큼 집필하기 어려운 과목이라는 의미일 수도 있다.

어떻게 해야 이 어려운 과목을 쉽게 학생들에게 전달할 수 있을까? 저자들이 이 책을 집필하게 된 직접적인 동기이다. 저자들은 우선 이해하기 어려운 회로도에 다양한 색깔을 입혀 학생들에게 회로도에 대한 두려움을 없애주려고 노력했다. 두 번째로 저자들은 서울교통공사 교재의 긴 내용을 단락별로 축약시켜 요점 위주로 책을 구성하였다. 세 번째로 책 전체의 구성 체계를 공사의 교재를 따르되 학생들이 전체 구도를 알기 쉽게 재구성했다. 네 번째로 혹시 학생들이 본문에서 놓친 이론이나 방법이 나타날 경우에 대비하여 마지막 장에 특고압 장치기능과 고장 시 조치 방법에 대한 설명을 Q&A식으로 풀어서 제공해 보았다.

전동차구조 및 기능 책은 양부터가 학생들을 압도한다. 무려 440페이지나 달한다. 책 겹겹이 어려운 내용도 즐비하다. 이에 따라 저자들은 이 책을 특고압 한 권, 그리고 주회로, 고압보조, 저압보조, 제동을 합쳐서 한 권, 모두 2권의 책으로 나누어 집필하는 계획을 세웠다.

철도운전면허 시험을 준비하는 순수하고 지적 호기심이 많은 학생들을 외면하면 안 된다는 한 가닥 소명을 갖고 그동안 강의했던 강의록을 세상에 내놓는다. 기꺼이 이 책의 출간을 기꺼이 받아 주신 박영사의 안상준 대표님과 임재무 상무님께 한없는 감사를 드린다. 끝으로 이 책이 나오기까지 저자들과 끊임없이 교감하면서 열정적으로 그리고 감동적으로 편집해 주신 전채린 과장님에게 이 자리를 빌려 진심으로 고마움을 전하고 싶다.

차 례

제1장 총 설

제2장 결선도 보는 법

제5장 특고압장치 핵심주제 요약

제6장 특고압 장치 기능과 고장 시 조치 방법 해설

제1장

총설

총 설

1. 철도의 역사

- 1530년경 독일(철도의 기원)
- 1801년 리차드 트레비식에 의해 증기기관이 철도에 응용됨
- 1829년 10월 영국 리버풀 – 맨체스터 46km구간

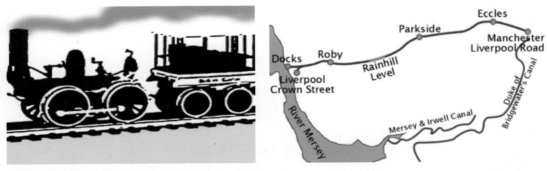

Opening of the Liverpool and Manchester Railway-Wikipedia

An 1833 engraving of Crown Street, the original Liverpool terminus of the Liverpool and Manchester Railway

－조지스티븐슨 "로켓호" 48km/h로 주행, 1,435mm 궤간사용(오늘날의 표준궤간)

The-Liverpool-and-Manchester-Railway-1830-https://www.google.com/url?sa=i&url=https

[전기동차의 역사]

－ 세계 최초의 지하철도 － 1863년 영국(증기기관차)
－ 유럽의 최초 지하철도(전동차) － 1896년 헝가리의 부다페스트

2. 한국철도의 역사

- 1899년 9월 18일 노량진 - 제물포간 33.2km
- 1899년 서대문 - 동대문간 직류 600V 노면전차운행
- 1905년 1월 1일 서울 - 부산간 경부선 개통
- 1973년 6월 20일 중앙선 청량리 - 제천구간 전기철도 운행시작
- 1974년 8월 15일 수도권전철 개통

1974년 8월 15일 수도권전철 개통, 연합뉴스

제2절 전기동차의 일반사항

1. 전기동차의 특징

① 총괄제어가 가능하다.
② 동력이 분산되어 있다.
③ 고가속, 고감속운전이 가능하다.
④ 차량의 사용효율이 높다.
⑤ 출입문이 많아 승하차가 신속하다.

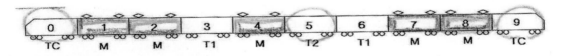

○ 10량 편성은 5M 5T로 구성됨
○ Pantograph, MCB, MT, C/I, TM : 1호차, 2호차, 4호차, 7호차, 8호차
○ SIV, CM, Battery : 0호차, 5호차, 9호차

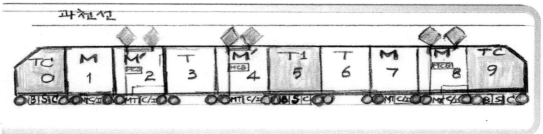

과천선

| TC 0 | M 1 | M' 2 | T 3 | M' 4 | T1 5 | T 6 | M 7 | M' 8 | TC 9 |

BLSC MT C/I MT C/I MT C/I BLSC MT C/I MTC/I BLSC

o 10량 편성 : 5M 5T
o Pan, MCB, MT, C/I, TM : 2호차, 4호차, 8호차
o MT, C/I, TM : 1호차, 7호차
o SIV, CM, Battery : 0호차, 5호차, 9호차

[예제] 다음 중 전기동차의 특징이 아닌 것은?

가. 총괄제어가 가능하다.   나. 차량의 사용효율이 높다.

다. 동력이 집중되어 있다.   라. 고가속, 고감속 운전이 가능하다.

2. 전기동차의 분류

▶ 사용전원 및 운행구간에 따른 분류

① 교직류전동차 - 1호선, 4호선 ADV

　　－ 교류구간과 직류구간 모두 운행이 가능하다.

　　－ 사고전류의 구분이 쉬워 보안도가 높다.

　　－ 교류구간에서는 높은 전압을 수전하므로 기기의 절연도가 높아야 한다.

　　－ 직류구간에서는 교류구간에서만 사용되는 기기는 사용되지 않는다.

　　－ 교직 양용이기 때문에 제작비가 비싸다.

② 교류전동차 - 중앙선, 분당선

③ 직류전동차 - 지하철

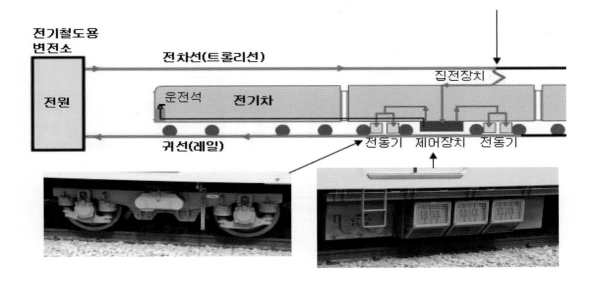

▶ 견인전동기 및 제어방식에 따른 분류

① 직류직권전동기

- 저항제어전동차

- 쵸퍼제어전동차

② 교류유도전동기

- VVVF제어전동차

제3절 가선전원에 따른 특징

1. 교류전원방식의 장점

① 고전압송전이 가능: 전압강하에 의한 전력손실이 적다.

② 변압기를 이용하여 간단히 승압 및 강압이 용이하다.

③ 지상설비비의 경감

- 10km마다 변전소 설치(직류 10~15km)

- 직류구간은 110㎟의 전차선사용, 교류규간은 85㎟의 전차선 사용

- 귀전선이 없다.

④ 보안도가 높다. - 사고전류의 판단이 용이하다.

교류방식의 송전계통

한국전력 ⬅ ➡ 철도운영기관

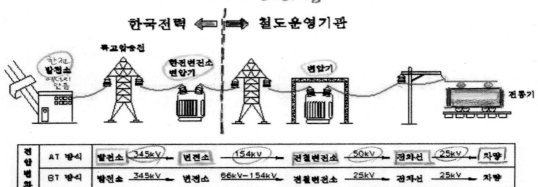

| 전압변화 | AT 방식 | 발전소 345kV ← 변전소 154kV → 전철변전소 50kV → 전차선 25kV → 차량 |
| | BT 방식 | 발전소 345kV ← 변전소 66kV-154kV → 전철변전소 25kV → 전차선 25kV → 차량 |

P: 일정 (한전에서 받는 전압 일정)
P = V·I (P: 전력, V: 전압 I: 전류)
P = V↑·I↓ (교류)
P = V↓·I↑ (직류)

P=?

직류방식과 교류방식 비교 (차량설비)

구 분		교 류 (25kV)	직 류 (1,500V)	
지상설비	전철설비	변전소	이유: 직류에 비해 변전소간 전압 길게 가능 변전소간격이 30-50km정도 변압기만 설치하면 되므로 지상설비비 저가	변전소간격이 5-20km, 변압기와 정류 왜? V(전압)↓ 낮은전압으로 기가 필요하여 지상설비비 고가 형성되므로	변전소 많이 설치해주어야 한다.
		전차선로 (전류와 관련)	P=V·I↑ 에서 저전류 고전압 저전류로 전선을 가늘게 할 수 있고 전선 지지구조물 경량	저전압 고전류로 전선이 굵어지고 전선 지지 구조물 중량	
		전압강하	V↑으로 전압강하 더 더디게 진행 저전류로 전압 강하가 적어서 직렬콘덴 서로 간단히 보상	대전류로 전압강하가 커서 변전소, 급전소의 증설이 필요	새로운 에너지를 계속 축압시켜 주어야 한다.
	부대설비	보호설비	운전전류가 작아 사고전류 판별 용이	운전전류大 사고전류 선별차단 어려움	사고전류인지 아닌지선별차단 힘듬
		통신유도장애 (전압과관련)	유도장애가 커서 BT 또는 AT방식 등 장애방지 유도대책이 필요(케이블화)	전압↓낮아 유도장애 발생X 특별한 대책 필요없음	
		터널과 구름다리의 높이	고압으로 절연이격거리가 커야 하므로 터널 단면 커짐	저전압으로 교류에 비해 터널단면, 구름다리 높이 축소가능	터널·지하구간은 직류를 많이 사용한다.

P=V·I PC power:전력), V(Voltage: 전압), I(Intensity:전류)

2. 교류전원방식의 단점

① 고주파에 의한 유도장해가 발생한다.

② 고압으로 인해 인명피해의 위험이 있다.

③ 차량의 구조가 복잡하므로 차량의 제작비가 비싸다.

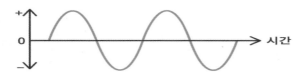

AC란? Alternating Current(교류)의 이니셜(Initial)

AC는 시간에 따라 그 크기와 극성(방향)이 주기적으로 변하는 전류

1초 사이에 전류의 극성이 변하는 횟수를 주파수라고 하며, 단위는 Hz로 표시

3. UNIT

여러 대의 차량을 1개 편성으로 구성하여 열차로 운행이 가능한 기능을 갖춘 최소의 구성단위

① 최초기동에 필요한 에너지원 — 축전지

② 최초기동에 필요한 압력공기 — ACM

③ 객실등, 냉난방 등 승객서비스 전원 — SIV

④ 열차운행에 필요한 외부전원 수전장치 — 집전장치

⑤ 동력발생을 위한 기기 — 제어기기, 인버터, 견인전동기

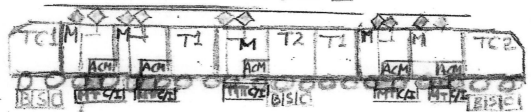

예제 다음 중 4호선 VVVF 전기동차의 10량 편성 기준으로 ACM을 구동하기 위한 ACMCS의 개수로 맞는 것은?

가. 3개　　　　　나. 5개　　　　　다. 7개　　　　　라. 9개

두 부수차 T차량을 뺀 7차량
– ACMCS(Auxiliary Compressor Motor Control Switch): 보조 공기 압축기 제어 스위치

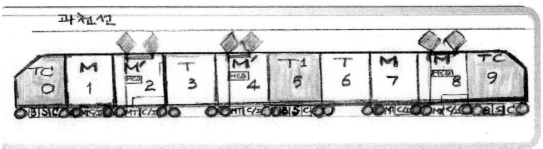

o 10량 편성: 5M 5T
o Pan, MCB, MT, C/I, TM: 2호차, 4호차, 8호차
o MT, C/I, TM: 1호차, 7호차
o SIV, CM, Battery: 0호차, 5호차, 9호차

제2장

결선도 보는 법

제2장

결선도 보는 법

결선도 표기원칙

① 결선도는 약도식으로 기기를 표시한다.

② 결선도는 원칙적으로 전원이 가압되지 않는 상태를 표시한다.

③ 기기는 정해진 기호에 의한다.

④ 같은 이름의 기기는 동시에 작용한다.

⑤ 기기의 용도까지 나타낼 때는 기기 이름을 붙인다.

⑥ 동일기기가 여러 개일 때는 숫자로 표시한다.

⑦ 기기위치에 따른 표시방법

    – 전후진 제어기는 전진(F)위치

    – 동력운전/제동 구분 시에는 동력(P)위치

    – 교류/직류 구분 시에는 교류위치

    – 모든 계전기, 접촉기, 전자변은 소자상태를 나타낸다.

예제 **다음 중 결선도 표기원칙으로 틀린 것은?**

가. 모든 계전기, 접촉기, 전자변은 소자상태를 나타낸다.

나. 기기의 용도까지 나타낼 때는 기기 이름을 붙인다.

다. 원칙적으로 전원이 가압되지 않은 상태를 표시한다.

라. 동일 기기가 여러 개일 때는 기호를 붙인다.

해설　동일 기기가 여러 개일 때는 숫자로 표시한다.

제2절　주요기기의 작용

① 계전기 — 전자력을 이용하여 전기회로의 접점을 개폐하기 위한 기기

② 접촉기 — 전류량이 많거나 전압이 높은 회로에 사용하는 기기

③ 전자변 — 전자력에 의한 동작편의 작용에 따라 공기통로를 개폐하는 기기

④ NFB — 기기의 전류용량을 초과하는 과전류가 흘렀을 때 차단되어 회로를 보호하는 기기

⑤ Push Button Switch — 버튼을 누르는 동안만 접점이 개폐되고 손을 떼면 원위치로 복귀하는 스위치(ACMCS)

⑥ Toggle Switch — 손가락 끝으로 레버를 직선적으로 왕복운동시켜 전로의 개폐조작을 하는 제어용 스위치

⑦ Limit Switch — 기기의 운동행정 중의 정해진 위치에서 동작하는 스위치

제3절　연동의 표시

1. 기계적 연동

: 차단 시 회로구성[MCB, LB, EGS, K1, K2, HB]

: 투입 시 회로구성[MCB, LB, EGS, K1, K2, HB]

: 교류위치에서 회로구성[ADCg, ADCm]

: 직류위치에서 회로구성[ADCg, ADCm]

: 출입문 닫힘 시 회로구성[DS]

: 출입문 열림 시 회로구성[DS]

2. 전기적인 연동

① a 접점 - 계전기 코일에 전류가 통전되면 회로가 구성

  조작력이 가해지면 고정접점과 가동접점이 접촉되어서 전류가 흐름

② b 접점 - 계전기 코일에 전류가 통전되면 회로를 차단

  조작력을 가함으로써 고정접점과 가동접점이 차단되어 전류가 흐르지 않음

③ C 접점 - 단자 중 1개의 선이 공통인 접점

④ 기타 - 일반적으로 선의 굵기에 따라 전압의 고저를 표시

예제 **다음 중 연동의 표시에 관한 설명으로 틀린 것은?**

가. a연동: 계전기 코일에 전류 통전 시 회로가 구성되는 접점

나. b연동: 계전기 코일에 전류 통전 시 회로가 차단되는 접점

다. c연동: 단자 중 1개의 선이 공통인 접점

라. 일반적으로 선의 굵기에 따라 전류의 고저를 표시한다.

해설 일반적으로 선의 굵기에 따라 전압의 고저를 표시한다.

예제 **다음 중 전기동차의 기계적 연동 접접과 관계없는 것은?**

가. EGS   나. DS

다. AK, K   라. ADCg

해설 전기동차의 기계적 연동접점을 가지는 기기는 MCB(주차단기), LB(단류기:Line Breaker), DS(Door Switch: 출입문 연동스위치), ADCg(교직절환기)이다.
– AK(Aux. Contactor): 보조접촉기
– K(Contactor): 접촉기

LINE BREAKER BOX(단류기함)

제3장

전기동차 용어정리

제3장

전기동차 용어정리*

제1절 전기동차 관련 용어정리

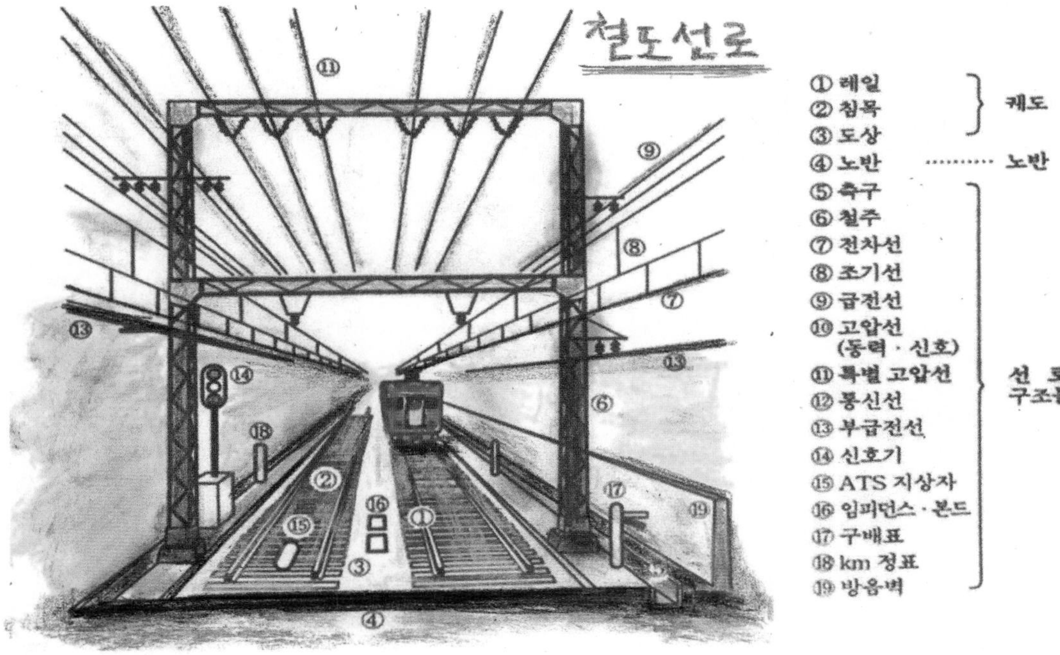

철도선로
① 레일
② 침목
③ 도상
④ 노반
⑤ 측구
⑥ 철주
⑦ 전차선
⑧ 조기선
⑨ 급전선
⑩ 고압선 (동력 · 신호)
⑪ 특별 고압선
⑫ 통신선
⑬ 부급전선
⑭ 신호기
⑮ ATS 지상자
⑯ 임피던스 · 본드
⑰ 구배표
⑱ km 정표
⑲ 방음벽
궤도
노반
선로 구조물

* 참고자료: 서울교통공사, 전동차 구조 및 기능, 2019 참조하여 재정리

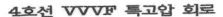

4호선 VVVF 특고압 회로

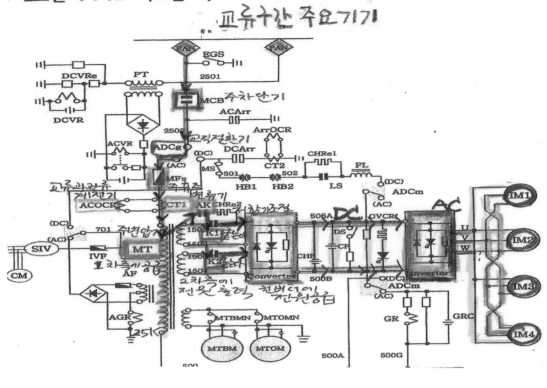

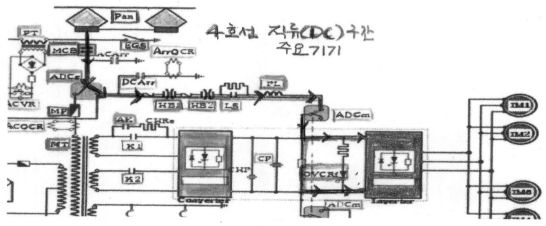

1. 가속도와 감속도

열차의 속도가 시간에 따라 변할 때, 단위시간당 변화의 비율을 가속도라 한다.

2. 건축한계(construction guage)

철도차량을 안전하게 운행하기 위하여 차량에 접촉되지 않도록 선로 내측으로 침범하여 구조물을 축조하지 못하도록 설정한 공간 한계선이다.

3. 견인력(tractive force)

차량을 운전하는 원동력이 되는 끄는 힘이다.

4. 견인저항(tractive resistance)

차량이 주행할 때 각종의 저항을 받아 그 견인력이 줄어들게 된다. 여기에는 차축저항, 노면저항, 공기저항, 경사저항 등이 있다.

5. 견인전동기(Traction Motor)

전차선에서 공급되는 전압을 받아 차량을 견인(주행)할 수 있도록 설치된 전동기이다. 직류 직권전동기, 유도전동기 등이 있다.

6. 구원연결

구원연결은 본선 운행 중 고장 등의 사유로 열차가 자력운전이 불가능한 상황(역행불능 및 비상제동 완해 불능 등)에서 구원열차와 고장열차를 연결운행하여 차량 교환역 또는 차량기지까지 이동해 신속하게 본선을 개통하는 것을 말한다.

7. 운전제어대

운전실 전면부에 설치되어 전기동차를 운전하기 위한 주간제어기, 각종 누름스위치류(push button S/W), 종합제어 관리장치 및 방송장치, 열차무선장치, 부저(Buzzer), ADU(차내신호기), 계기류 등이 있는 공간이다.

8. 고정축간거리(고정축거)

동일 대차 내 첫째 차축과 마지막 차축의 중심 간 거리. 4.75m 이하이다.

9. 곡선반경(Radius of Curvature)

곡선의 중심으로부터 원호까지의 직선 거리. 곡선 선로에 있어서 곡선의 크기를 표시하는 단위 열차운행의 안전을 위하여 최소곡선반경을 정하고 있으며 기호는 R로 표시한다.

10. 곡선저항

곡선 반경, Cant, Slack, 대차의 구조, 특히 고정축간거리, 레일의 마찰 및 운전속도 등에 따라 다르다.

11. 공기제동(Compressed-Air Brake)

압축공기를 사용하여 제동을 체결하거나 완해시키는 장치이다.

12. 공기호스연결기(Hose(pipe) Coupling)

차량 간 연결하고 공기를 관통시키는 호스를 상호 연결시키는 고무부싱(Rubber bushing) 및 호스 조립체이다.

13. 공주거리(Idle Running Distance)

제동취급 시, 공기의 흐름, 기초 제동장치의 유간 등으로 인하여 제동작용이 이루어질 때까지의 주행거리로 (총 제동거리는 공주거리+실제동거리)로 나타낸다.

14. 공주시간(Idle Running Time)

제동취급 후 공기의 흐름, 기초 제동장치의 유간 등으로 제동이 작용할 때까지의 소요시간이다.

15. 공전(Slip)

출발 혹은 가속 시 열차의 견인력이 점착력보다 클 때 헛도는 현상이다.

16. 과전류(Over Load Current)

기기는 정격전류, 전선은 허용전류를 초과하였을 때 계속되는 시간을 고려하여 기기 또는 전선의 손상 방지를 위해 자동차단을 필요로 하는 전류를 의미한다.

17. 과전류계전기(Over-Current Relay)

정격치 이상의 부하전류를 흘렸을 때 동작하여 전기회로를 차단하고, 기기를 보호하기 위하여 설치한 계전기를 말한다.

18. 구내운전(Driving in the Station)

정거장 또는 차량기지 구내에서 입환 신호에 의하여 차량을 운전하는 방식이다.

19. 구배(기울기, Grade)

선로의 기울기에 대한 표시로 우리나라에서는 수평거리 1,000m에 대한 수직거리(m)이다. 철도 분야에서는 천분율로 표시한다.

20. 구배저항(기울기저항, Grade Resistance)

선로에 경사(기울기)가 있어서 열차 진행을 방해하는 힘이다.

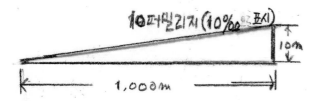

21. 궤간(Gauge)

좌우 레일의 두부 내측 면 간 하방 최단거리이다. 표준궤간은 1,435mm이다.

22. 궤도(軌道)(Track)

레일과 그 부속품, 침목 및 도상으로 구성, 노반과 함께 열차하중을 직접 지지하는 역할을 하는 도상 윗부분을 총칭한다.

23. 궤도회로(Track Cuirt)

레일에 전기회로를 구성하여 차량의 차축에 의하여 레일 전기회로를 단락 또는 개방함에 따라 열차의 유무를 감지하는 장치, 궤도회로에 사용하는 전원에 따라 교류, 직류 등으로 구분하여 주파수 및 코드식으로 구분하여 열차에 대한 정보를 전송하는 장치도 포함한다.

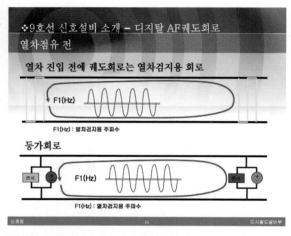

디지털 AF궤도회로, 9호선 도시철도설비부

24. 기지모드(Yard Mode)

지상의 신호가 없는 구역에서 전기동차를 수동으로 운전하는 모드이다.

25. 균형속도(Balanced Speed)

열차의 견인력과 열차저항이 동일한 상태이다. 등속운전할 때의 속도이다.

26. 단류기 또는 회로차단기(Line Breaker)

전기동차의 주회로를 구성 및 차단하기 위하여 설치한 1개 또는 여러 개의 접촉기류이다.

27. 답면(Wheel Tread)

차량의 차륜 부분 중 열차 주행 시 레일의 면과 직접 접촉하는 부분이다.

28. 답면제동(Tread Brake)

제륜자를 공기 압력에 의하여 차륜 답면에 압착하는 제동으로 M, M´차에 사용된다.

29. 대차(Bogie)

차량의 주행장치를 구성하고 있는 프레임으로 차륜 및 스프링장치와 제동장치 등이 장착되어 있으며 차체를 지지하는 하부장치로 차량의 기초 부분이다.

30. 디스크제동(Disk Brake)

기계식 제동장치의 일종으로 차축에 원판(디스크)을 취부하여 마찰편(디스크라이닝)이 압착하여 제동을을 시행하다. 전기동차에서는 동력차가 아닌 부수차에 주로 사용된다.

31. 도상(道床)(Ballast)

레일 및 침목으로부터 전달되는 열차 하중을 노반에 전달해 준다.

32. 마찰계수

운동을 방해하려고 하는 힘의 그 면에 수직한 힘에 대한 비를 말한다.

33. 모노레일(Monorail)

1개의 주행로 위를 달리는 대차를 가진 차량으로 1개의 주행로 위를 고무 타이어 차량이 걸쳐서 주행하는 방식과 주행로를 달리는 대차에 차체가 매달려 주행하는 현수식 방식이 있다.

34. 무인모드(Driverless Mode)

지상의 신호시스템으로부터 ATC를 통하여 수신된 속도제한에 따라 역에서 다음 역으로 운행하는 조건을 사전에 계획된 프로그램에 따라 출발, 가속, 감속, 정위치 정차 등 ATO가 자동으로 수행하므로 승무원의 조작 없이 전기동차가 운행된다.

35. 밀착연결기(Tight Lock Coupler)

차량 또는 편성 간 차량을 연결하는 장치이다.

36. 발전제동(Dynamic Brake)

주 전동기를 발전기로 변환시켜 얻어진 전기에너지를 저항기를 통해 열로 소비시키는 제동방식이다.

37. 보안제동(Security Brake)

상용제동과 비상제동의 고장 시를 대비하여 추가로 설치한 제동장치이다.

38. 보조전원장치(Auxiliary Power System)

전기동차의 보조기로서 정지형버터(SIV)라고 하며 승객을 안전하고 쾌적하게 운송하기 위한 냉난방, 객실 조명, 축전지 충전 등의 전원을 공급해준다.

39. 고장차량 차단취급과 완전 부동취급

VVVF 제어 전기동차 운전 중 주변환기 및 송풍기 고장 발생으로 CIFR이나 BMFR이 동작되어 복귀 불능 시 고장의 확대를 방지하기 위하여 고장 차단스위치(VCOS)를 차단하는 것을 의미한다.

40. 부수차(Trailer)

고정 편성 열차에서 동력이 없는 단순히 객차(T)로서의 기능만을 가진 차량이다.

41. VVVF 인버터 제어(VVVF: Variable Voltage Variable Frequeney)

가변전압 가변주파수란 의미로 교류 유동전동기에 공급하는 제어 방식이다. 교류의 전압과 주파수를 조절하여 전기동차를 제어하는 방식이다.

42. 비상모드(Emergency Mode)

ATO 차량의 차상 ATC 장치 고장 시 모드이다.

43. 비상접지 스위치(EGS)

운행 중 전차선이 늘어지거나 끊겨 전기동차와 접촉할 경우 아크 발생으로 승무원 및 승객에 위험을 줄 수 있으므로 전차선을 단전시키는 스위치이다.

44. 비상제동(Emergency Brake)

운행 중 사고 및 고장발생 시 긴급한 정착 요구되는 상황에서 사용되는 제동방식이다. (최고 4.5 km/h/s)

45. 브레이크 실린더(Brake Cylinder)

동력을 이용하는 제동장치에서 해당 제동력의 근본이 되는 공기압이다.

46. 사이리스터(Thyristor)

전류 제어를 위한 고속 ON, OFF동작이 가능한 스위치 기능을 갖는 반도체 소자이다.

47. 상용제동(Service Brake)

열차의 운전 중 일상적(보편적)으로 사용하는 제동기능이다. 최고 3.5km/h/s의 감속도를 지닌다.

48. 선로용량(Track Capacity)

일정 선로 상에서 하루에 운행 가능한 열차횟수이다. 단선과 복선, 폐색방식, 선로상태, 역간거리, 운전속도 등에 따라 다르고, 용량을 초과하여 열차를 운행하게 되면 열차 지연 및 선로보수에 어려움이 발생한다.

49. 자동제동

열차가 분리되어 제동공기가 배기되면 자동으로 제동이 걸리는 방식이다.

50. 전동공기 압축기(CM) 및 동기구동 회로

전기동차에서 사용하는 압축공기를 생성하는 기기로 동기구동회로란 전거동차 편성 내 3개의 전동공기 압축기를 동시에 구동하고, 동시에 정지시켜 효율을 높이기 위한 회로이다.

51. 전기동차의 기동

교·직류 전기동차의 경우는 전 차량의 팬터그래프가 상승되고, MCB가 투입된 상태를 말하며 직류 전기동차는 전 차량 팬터그래프가 상승되면 전기동차의 기기가 정상적으로 구동되어 열차 운행이 가능한 상태가 된다.

52. 정차제동

기울기가 있는 정거장에서 정차 후 출발 시 뒤로 밀리는 현상(Roll Back)을 방지하기 위한 제동

53. 직통선(인통선)

전 차량에 관통된 전기선이다. Jumper선에 의해 연결된다.

54. 제동핸들(Brake Controller Handle)

VVVF 제어 전기동차는 제동 취급 시 운전실 제동핸들 내부에 있는 캠에 의하여 각종 전기에 접점을 동작시켜 제동시킨다.

55. 차내신호기

ATC구간의 신호기이다. 운전실 제어대 중앙에 위치한다. 기관사에게 지령속도와 실제속도를

현시에 준다. 아울러 운전제어에 필요한 정보도 준다. 지령 및 실제속도 현시, 8초 경보, 지령속도의 점멸(Flash) 기능 등을 포함한다.

56. 축전지 충전

축전지의 교류전원은 보조전원장치(SIV)에서 발생된다. 이 교류전원을 충전용 변압기와 정류기를 거쳐 DC100V로 정류하여 축전지에 충전한다. 이렇게 충전된 축전기 전원은 기동 시 기초전원으로 사용한다.

57. 절연구간

① 교류와 직류 구간이 만나는 지점에 일장 거리에 걸쳐 절연구간을 설치한다. ② 교류와 교류가 만나는 구간에서도 변전소 간의 전원이 위상차가 있으므로 이를 격리시키기 위해 절연구간을 설치한다. 교직 절연 구간의 경우 66m, 교교 절연구간은 22m의 거리를 둔다.

58. 수동모드(Manual Mode)

ATO가 작동하지 않은 상태에서의 전기동차 운행모드이다. 전기동차는 지상 선로변에 있는 Wayside신호시스템으로부터 ATC를 통해 수신된 속도제한 정보(데이터)에 따라 승무원이 수동으로 운전하는 방식이다.

59. IGBT

반도체 소자인 Transistor를 첨단화시킨 게이트(Gate)제어가 가능한 소자이다. 이중 절연된 Gate제어가 가능한 대전력용 소자이다. 기존에 사용되던 GTO보다 신속성, 차단성, 경량화, 회생성능성 등의 측면에서 우수한 장점을 지니고 있다.

60. 안전루프 회로(비상제동회로)

열차의 최전부와 최후부 간을 폐회로선(LOOP선)으로 구성한 비상제동회로이다.
LOOP선상에 스위치 및 보호연동 장치 등을 삽입하여 이들 중 한 가지라도 조건이 충족되지 않으면 자동으로 비상제동이 걸리도록 하는 안전회로이다.

예컨대 열차가 분리되면 안전LOOP회로가 단선되어 열차가 자동 정차된다.

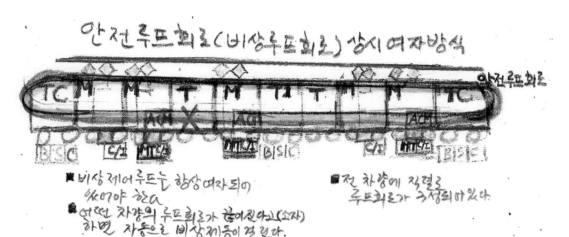

61. BTU(구원제동장치 Brake Translating Unit)

구원열차 및 고장열차 상호간에 동일한 제동력을 유지하여 안전을 확보할 수 있도록 제어해 주는 장치이다.

62. 인버터(Inverter)

전력 변환장치로 직류 전력을 교류로 변환하며 가변전압 및 가변주파수의 교류전력을 출력하여 견인 전동기가 요구하는 전원을 공급하여 원활한 속도제어를 하게 하는 VVVF 전기동차의 핵심 장치이다.

63. 연장급전

승객서비스 또는 저압 제어 전원에 사용되는 보조전원장치(SIV) 고장 시 다른 정상인 유니트의 보조전원장치(SIV)로부터 전원을 공급받는 것을 말한다.

64. 열차무선장치(Train Radio System)

관제실과 운전 중의 열차 또는 열차와 열차 간의 상시 정보 교환이 가능하도록 한 장치이다.

65. 열차주행저항(Train Resistance)

열차가 주행할 때에 진행을 방해하는 여러 가지 힘이 작용되는 것을 열차저항이라고 한다. 주행저항은 운행 중 열차의 각 부분에서 발생하는 공기저항, 차륜과 레일 및 회전부의 마찰저항 등이 있고, 주행저항 외에 기울기 저항, 곡선저항 등이 있다.

66. 운전실 부저(Buzzer)

승무원 간의 상호 연락 및 승객이 비상 시 인터폰을 누를 경우 작동된다.

67. 유치선(Staying Strap)

역 구내 또는 차량기지에 차량을 유치할 수 있는 선로로 전기동차의 수선, 청소, 조성, 대기 등의 선로가 필요하다.

68. 응하중 제어

20ton 하중까지는 승객무게에 관계없이 가속도(3.0 km/h/sec) 및 감속도를 유지하기 위하여
① 전후대차의 공기스프링 압력(공차하중＋승객부하량)을 검지하여 전기적 신호로 변환시킨다.
② 이 전기신호 변환치를 평균하여 차량별 제어신호를 만든다.
③ 승객 부하 증감에 따라 전류 신호를 맞추어 견인력 및 제동력을 확보(보상)하는 제어시스템이다.

69. 운전자 안전장치(DSD: Drive Safety Device)

기관사의 신체적 이상 및 졸음운전 시 일정시간(5초) 경보 후 자동으로 비상 정차시켜 열차의 안전을 확보하는 장치이다.

70. 운전보안장치

폐색장치, 신호장치, 연동장치, 선로전환장치, 운전용 통신장치, 열차자동정지장치(ATS), 열차자동 제어장치(ATC), 운전경계장치 등을 포함한다.

71. MCB(Main Circuit Breaker)와 사고차단

교직류 전기동차의 주회로 차단기이다. 특고압 및 주회로를 연결하는 개폐기 역할을 한다. 교류 구간 운행 때 과전류 발생 시에 하부기기를 보호하기 위하여 MCB가 자동으로 차단된다.

72. 자동모드(Automatic Mode)

ATO 구간에서 승무원은 출발 버튼만 누르고, 나머지는 자동으로 운전하는 형태의 운전방법 이다.

73. 자동열차운전장치(ATO: Automatic Train Operation)

전기동차의 자동 및 무인운전이 가능한 운전 보안 방식으로 전기동차의 동력운전, 제동, 출입 문 개폐, 객실방송 등의 기능들을 승무원 없이 시스템에 의해 가능하다.

74. 자동열차정지장치(ATS: Automatic Train Stop)

열차가 신호의 지시 속도를 초과하면 일정 시간(약3초) 경보하고, 시한 내에 일정 수준의 제동 취급을 하지 않으면 자동으로 비상제동이 걸린다. 또한 정지신호 구간 내를 임의로 진입하면 비상제동이 체결되어 열차 안전을 확보하는 운전 방식의 초기 시스템이다.

75. 자동열차제어장치(ATC: Automatic Train Control)

열차운행 및 선로 조건 등에 따른 지시속도와 전기동차의 실제속도를 비교하여 지시속도 초과 시 자동으로 경보 및 제동이 체결되는 운전 보안 방식이다.

76. 전차선(Electric Car Line)

전기차량의 집전장치(팬터그래프)에 접촉하여 전기를 공급하는 전기선로로 지상 구간은 가공 전선, 지하 구간은 강체 가선으로 공급한다.

77. 점착계수(Coefficient of Adhesion)

전기동차의 원활한 진행을 위해 동륜과 레일 간의 접촉면에는 일정 수준 이상의 마찰력이 있어야 하며 마찰의 정도를 표시하는 계수이다.

78. 점착력(Adhesion)

차륜과 레일 간에 생기는 마찰력을 말하며 차륜이 레일에서 미끄러지지 않고, 회전을 계속할 수 있는 것은 점착력 때문이다.
(점착력= 점착계수 × 동륜상의 중량)

79. 정지 및 진행모드

지상(Wayside)으로부터 어떠한 속도코드도 받지 않은 경우 전기동차를 비상으로 운행시키는 모드이다. 이 경우 ATC가 15km/h로 속도제한을 설정하고, 승무원은 수동제어로 운전하게 된다.

80. JERK 제어

제동 시 감속도의 급격한 변화량 제한, 승차감 저하 방지를 시켜주는 제어방식이다.

81. 제륜자(Brake Shos)

제동을 체결하면 회전하는 차륜에 닿아 마찰하여 차륜을 정지하도록 하는 제동장치의 부품으로 답면제동 및 디스크 제동장치에 사용되고 있다.

82. 제어차

운전실을 가지고 전기동차의 최전부 및 최후부에 연결하여 각종 전기동차의 제어를 할 수 있는 차량으로 TC(Train Control) 차라고도 한다.

83. 조가선(Suspension Wire)

전차선을 지지하는 선이다. 행어이어(hanger ear) 또는 드로퍼(dropper)를 직선으로 매달아 전차선이 평평한 장력을 유지하도록 지지해 준다. 전차선 상부에 가선된 전선 또는 케이블을 말한다.

84. 역행(Powering)

전동차(전철, 지하철) 등이 스스로 동력을 내어서 객차와 화차를 끌어 운전하는 방법을 말한다.

85. 열차종합제어관리장치(TCMS: Train Control and Monitoring System)

전기동차의 무인운전 관련 제어기능과 운전 업무지원 및 차량검사 업무지원을 하는 정보관리 시스템으로 이상 발생 시 고장기록 Data 등을 수집 및 기록하는 장치이다.

86. 주간제어기(Master Control)

① Two Handle 방식: 전기동차의 역행 운전을 제어하는 기기로 Tc−Car 운전실에 설치되어 있으며 동력운전을 위한 역행핸들과 방향전환을 위한 전·후진 제어기 및 주간제어기 열쇠(마스콘 키) 등으로 구성되며 역행핸들과 제동핸들이 따로따로 설치되어 있다.
② One Handel 방식: 동력운전 4단과 제동 7단으로 이루어져 핸들이 일체형으로 되어 있고, 핸들을 승무원 쪽으로 당기면 역행운전 기능이 수행되고, 반대 방향인 앞으로 밀면 제동기능이 수행되는 기기로 전·후 Tc−Car 운전실에 설치되어 있다.

87. 주차제동

주차제동은 압력공기가 없는 상태에서 제동되는 장치이다. 공기압력에 의해 완해되며, 스프링력에 의해 제동체결이 된다.

88. 주변환장치(C/I: Converter/Inverter)

교·직 VVVF 전기동차의 전력 변환기로 공급 전원을 받아 유도 전동기를 구동할 수 있도록 전력을 변환시키는 장치이다.

89. GTO(Grate Turn−Off Thyristor)

전력용 반도체 소자의 일종 게이트에 신호전원을 ON, OFF하여 제어하는 Thyrister 소자로 Gate 제어가 비교적 용이한 대전류, 대전력용 소자를 말한다.

90. 직류전기동차

일반적으로 DC 1,500V 직류 구간만 운행이 가능한 전기동차이다.

91. 집전장치(Current collector)

전차선에서 차량 내에 전력을 받아들이기 위한 장치로 팬터그래프, 제3궤조용 집전화 등이 사용된다.

92. 차량한계

차량 운행 중 각종 규정에 의해 구조물에 접촉되지 않도록 차량의 단면, 즉 차량의 폭과 높이에 대하여 제한한 것으로 차량한계를 벗어나지 않도록 규정한 공간적인 한계를 말한다.

93. 차막이(Buffer Stop)

선로의 종점에 있어 차량의 일주를 방지하기 위해서 설치하는 설비이다.

94. 침목(Sleeper)

레일을 소정 위치에 고정시키고 지지하며 레일을 통하여 전달되는 차량의 하중을 도상에 분포시키기 위해 레일 밑에 깔아 놓은 궤도 재료로 목 침목과 콘크리트 침목, 철 침목 등이 있다.

95. 축중(Axle load)

차축 하중, 차량의 1차축에 작용하는 하중, 전기동차에서는 통상 축중은 16톤이다.

96. 출입문 개폐장치(Door open-close device)

3개의 개폐장치 역할(열림, 닫힘, 재개폐)의 Push Button 등으로 구성되어 있다. 또한 주행속도를 감지하여 운행 중(약 5km/h 이상)에서는 출입문이 열리지 않도록 하는 기능도 포함하고 있다.

97. 출입문 안전장치

열차속도 3~5km 이하의 속도에서만 출입문 개방이 가능하며 전 차량 출입문이 모두 닫혀야

(7.5mm 이내) 운전이 가능하도록 한 장치이다.

98. 캔트(Cant)

열차가 곡선부를 통과할 때 원심력이 작용하여 차량이 곡선의 외측으로 이탈하려고 한다. 곡선부에서 캔트는 원심력에 대항시켜 차량의 안전을 위해 의도적으로 두는 고저차이다.

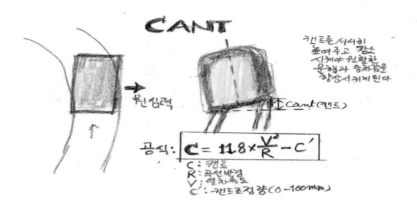

99. 컨버터(Converter)

교류를 직류로 변환시키는 장치이다.

100. Cross Blending 제어

VVVF전기동차 제동제어방식이다. M차와 T차 2차량을 1개 유니트로 하여 M차의 회생제동력 잉여분(남는 몫)을 T차의 공기제동력으로 보충해 주는 제동제어 방식이다. 제동요구 값과 응하중 값 그리고 회생제동력이 주요변수로 작용한다. ECU(자동제어장치)의 작용에 의하여 Micro-Process 제어가 이루어진다.

UNIT에 의한 CROSS-BLENDING 제동제어

M: 전기제동+공기제동
T: 공기제동

- ■ T(부수차)에 전기 제동이 들어가나?
- ■ 전기제동은 전동기에서 만든다. 전동기가 동력여 전기를 만들어 내는 발전기가 된다. 그러므로 구동차(모터카)에서만 전기제동이 만들어진다.
- ■ 따라서(M+T)를 합쳐서 제동 유니트가 된다. 유니트내에서 M차: 전기제동와 공기제동이 함께 들어가고, T차: 공기제동만 들어간다.

- ■ 구동차에는 제동안수와 비례하는 회생제동(전기 제동)이 발생한다.
- ■ 그후 속도가 떨어지고, 회생 제동력이 낮아지면 구동차에 공기제동이 들어간다.
- ■ M차와 T차 유니트를 한데 아우르면서 묶음으로 제동 제어하는 것: 일괄교체제어 Cross Blending 제어라고 한다.

101. TGIS(Train General Information System(열차운행정보장치))

열차의 운전 및 검수, 고장 등의 기록과 관리를 하는 장치를 말한다. 열차의 모든 정보와 기록 출력이 가능하다. TGIS에서는 운전실의 모니터 장치를 통하여 각종 정보를 모니터링할 수 있다.

102. TWC 장치(TWC: Train to Wayside Communication)

차상−지상 간 통신장치로서 TWC시스템은 차상시스템과 지상 Wayside장치 사이의 양방향 통신을 가능하게 하는 장치이다.

103. 평균속도((Average Speed)

열차가 운행하는 구간 거리를 소요 운전시간으로 나눈 수치의 속도로 시간에는 도중 역의 정차 시간은 포함되지 않는다. 도중역의 정차시간을 포함한 속도를 표정속도라고 한다.

104. 팬터그래프(Pantograph)

전기동차의 지붕에 설치하여 전차선으로부터 전기를 받아들이는 장치로 습판형으로 된 집전장치로 공기 상승, 스프랑 하강 방식을 사용하고 있다.

105. 폐색

폐색은 '거리를 띄우다', '닫혀서 막힘'의 뜻으로 지하철에서 폐색의 용어 정의는 '선로의 일정 구간에 2개 이상의 열차를 동시에 운전시키지 않는다'의 내용을 의미한다.

106. 표정속도

열차의 운행 거리를 정차시간을 포함한 소요시간으로 나눈 속도를 의미한다.

107. 활주(Slide)

열차제동 시 정지하려는 힘이 레일과 차륜 사이에 작용하는 마찰력보다 클 때 발생하는 차륜이 레일 위에 미끄러지는 현상이다.

108. 회생제동(Regenerative Brake)

차량의 전기 제동의 하나로 주전동기를 발전기로 변환하여 발생하는 전력을 전차선을 통해 다른 동력운전 중인 차량에서 소비시키며 이때 발생된 역회전력을 이용하여 제동력을 얻게 된다. 발전제동에 비해 전력의 절감이나 저항기의 불필요 등의 이점이 있기 때문에 쵸퍼전기동차와 VVVF 전기동차에서는 회생제동이 사용되고 있다.

[VVVF제어 전기동차의 주요제원 및 사양]
① 공주시간 – 상용시 1.5초, 비상시 1.3초
② 팬터그래프 – 하부프레임교차형(공기상승 스프링 하강식)
   – 조작공기압력 = 5kgf/㎠
   – 압상력 = 6kgf/㎠
③ 대차 및 동력장치 – 차륜경 – 860mm, 대차방식 – 공기스프링식 볼스터레스
   – 치차비 – 99:14(7.07) 동력전달방식 – 기어형 평행카르단식
④ C/I
   – 컨버터 – 단상 전압형 PWM제어

－ 인버터 － 3상 전압형 VVVF제어

－ 냉각방식 － 강제풍냉식

⑤ MT

－ 냉각방식 － 실리콘유 무압밀봉 송유풍냉식

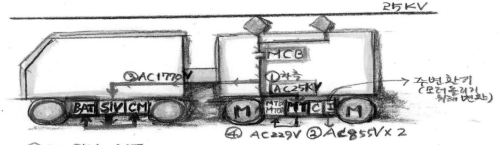

주변압기 (MT)
4호선 VVVF 전기동차

25KV

③AC1770V

MCB

①차축
AC25KV

→ 주변환기
(모터동력기
위해 변환)

BAT SIV CM

M

MT C/I

M

④ AC229V ② AC855V×2

① AC25KV → MT
② MT → C/I (AC855V×2) 강압
③ MT → 승객서비스전원 AC1770V
  → SIVC 교압보조전원 장치)
④ MT → AC229V → MTBM (주변압기 동동기장치)
  MTOM (주변압기오일덤프장치)(전압강압시 필요한기기)

⑥ TM － 3상4극 농형 교류유도전동기

－ 정격 － 연속 200KW

－ 냉각방식 － 자기통풍식

⑦ SIV － GTO쵸퍼 + PTr 12펄스 전압형 인버터

－ 냉각방식 － 자연냉각

⑧ 공기압축기 - CM - AC 440V 3상유도전동기 - 스크류식, 1600L/min

ACM － DC 80V, 1700rpm, 10분 정격 － 왕복식, 80L/min

⑨ 축전지 - 1.2V * 70개(상시부동충전)

예제 **다음 중 전기동차 비상제동 시 최고 감속도는?**

가. 5.5 km/h/s

나. 3.5 km/h/s

다. 4.5 km/h/s

라. 2.5 km/h/s

해설 전기동차 비상제동 시 최고 감속도는 4.5 km/h/s

예제　다음 중 견인전동기 및 제어방식에 따른 분류에 포함되지 않는 것은?

　가. 저항제어 전동차　　　　　　　　나. 교직제어 전동차

　다. VVVF제어 전동차　　　　　　　　라. 쵸퍼제어 전동차

해설　견인전동기 및 제어방식에 따른 분류

1. 직류직권전동기: 저항제어 전동차, 쵸퍼제어 전동차
2. 교류유도전동기: VVVF제어 전동차

예제　다음 중 4호선 VVVF전기동차의 SIV출력전압으로 맞는 것은?

　가. AC220V　　　　　　　　　　　　나. AC380V

　다. AC100V　　　　　　　　　　　　라. AC440V

해설　4호선 VVVF전기동차의 SIV출력전압은 AC380V이다.

제2절　**기동순서**

　① 제동핸들 삽입 → 103선 가압(직류모선 가압)

　② ACM구동(ACMCS취급) → 최초 기동에 필요한 압력공기 생성

　③ Pan상승(PanUS취급) → 전차선 전원 수전(전원표시등 점등 ACV DCV)

　　 MCB투입(MCBCS) → 전동차 내 전원공급(MCB ON 점등)

[전동차의 기동 과정]

　① 첫 단계: 최초에는 배터리전원으로 전동차를 기동 → 배터리가 연결되어 최소 전원 확보

　② M차에 있는 ACM이라는 보조공기압축기가 작동

③ 공기를 지붕 위로 보냄

④ Pan상승

⑤ 전차선 전원을 받을 수 있게 됨

⑥ MCB(주차단기) 투입되면 전원이 내려와서 주회로에 전달

⑦ SIV까지 전원 전달

⑧ SIV가 작동하면 CM공기압축기 작동

⑨ SIV가 배터리를 계속적으로 충전

⑩ SIV가 작동되면 난방, 냉방장치 작동

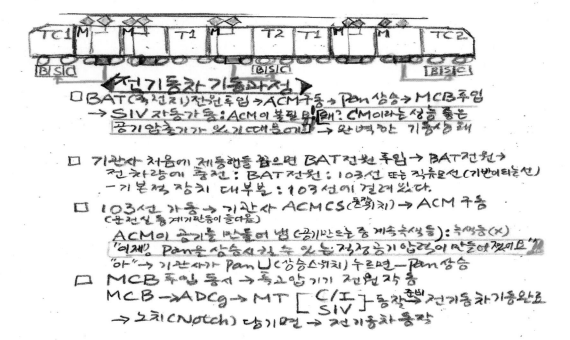

특고압 제어회로

전기동차 기동과정
- BAT(축전지)전원투입 → ACM구동 → Pan상승 → MCB투입
  → SIV작동가동 : ACM이 불필요해? CM이라는 성능 좋은
  공기압축기가 있기때문에 → 완벽한 기동상태

- 기관사 처음에 제동핸들 잡으면 BAT전원투입 → BAT전원 →
  전차량에 충전 : BAT전원 : 103선 또는 직류모선(기반이되는선)
  - 기본적 장치 대부분 : 103선에 걸려있다.

- 103선 가동 → 기관사 ACMCS(취급치) → ACM 구동
  (운전실 등 계기판등이 들어옴)
  ACM이 공기를 만들어 냄 (공기만드는 중 계속축생등) : 축생등(X)
  "이제" Pan을 상승시킬 수 있는 적정공기압력이 만들어졌어요
  "아" → 기관사가 Pan U(상승스위치) 누르면 — Pan상승

- MCB투입 동시 → 특고압기기 전원작동
  MCB → ADCg → MT [C/I / SIV] 동작준비 전기동차기동완료
  → 노치(Notch) 당기면 → 전기동차동작

다음 중 4호선 VVVF전기동차에 관한 설명으로 맞는 것은?

가. ACM은 각 M차마다 1대씩 있으며 10량 편성일 경우 4대가 설치되어 있다.

나. 제동핸들을 투입하면 전부운전실은 HCR 소자, TCR 여자 된다.

다. 전부운전실 HCRN 차단 시 ACM 기동 불능이다.

라. EGCS를 복귀하여도 EGS가 용착되어 투입 상태인 차량의 Pan은 상승 불능이다.

전부운전실 HCRN 차단 시 ACM 기동 불능이다.

가. ACM은 각 M차마다 1대씩 있으며 10량 편성일 경우 5대가 설치되어 있다.

나. 제동핸들을 투입하면 전부운전실은 HCR 여자, TCR 소자 된다.

라. EGCS를 복귀하여도 EGS가 용착되어 투입 상태인 차량의 Pan은 상승 가능하다.

다음 중 4호선 VVVF 전기동차의 제동핸들 삽입 시 축전지전압계 현시불능일 때 확인 사항은?

가. 전부 TC1차 VN 차단여부

나. 전부 TC1차 BCHN 차단여부

다. 전부 TC1차 BatN2 차단여부

라. 전부 TC1차 BatKN2 차단여부

제3절 회로의 구분

1. 특고압회로

◗ Pan → C/I전까지(MT까지)-AC25,000V들어와서 → 주변환장치 전까지의 회로

- 특고압 회로는 팬터그래프에서 수전한 전원이 흘러 주변환 장치 전까지의 AC25kV 가압 구간을 의미한다.

특고압 회로

-팬터그래프에서 수전한 전원이 주변환 장치(C/I:Converter/Inverter)) 전 까지 AC25kV로 가압되는 구간

AC 25KV

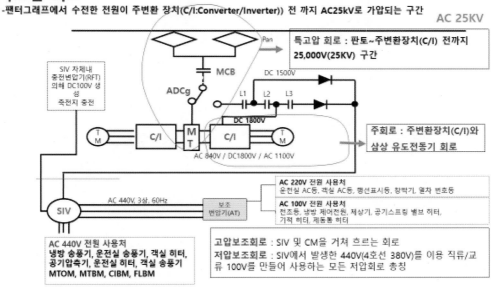

특고압 회로 : 판토~주변환장치(C/I) 전까지 25,000V(25KV) 구간

주회로 : 주변환장치(C/I)와 삼상 유도전동기 회로

SIV 자체내 충전변압기(RFT)에 의해 DC100V 생성 축전지 충전

AC 220V 전원 사용처
운전실 AC등, 객실 AC등, 행선표시등, 창막기, 열차 변호등

AC 100V 전원 사용처
전조등, 냉방 제어전원, 제상기, 공기스프링 밸브 히터,
기적 히터, 제동통 히터

AC 440V 전원 사용처
냉방 송풍기, 운전실 송풍기, 객실 히터,
공기압축기, 운전실 히터, 객실 송풍기
MTOM, MTBM, CIBM, FLBM

고압보조회로 : SIV 및 CM을 거쳐 흐르는 회로
저압보조회로 : SIV에서 발생한 440V(4호선 380V)를 이용 직류/교류 100V를 만들어 사용하는 모든 저압회로 총칭

4호선 전동차 회로도

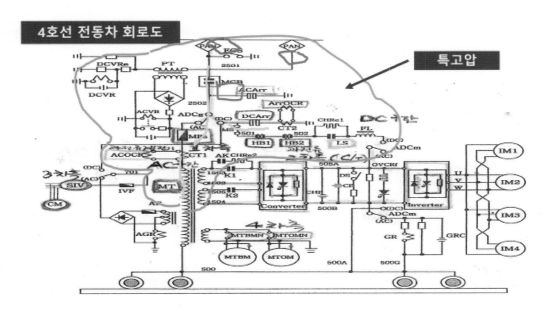

특고압

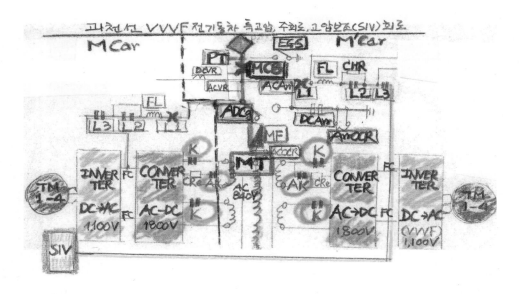

과천선 VVVF 전기동차 특고압, 주회로, 고압보조(SIV)회로

예제 다음 중 4호선 VVVF 전기동차 교류구간 역행 시 전원흐름 순서는?

가. Pan MCB ADCg MFS MT AK K1,2 C/I IM

나. Pan MCB ADCg MT MTS AK K1,2 C/I IM

다. Pan MCB ADCg MFS MT K1,K2 AK C/I IM

라. Pan MCB ADCg MFS MT AK C/1 K1,2 IM

해설 [4호선 VVVF 차량의 교류구간 역행시 전원흐름 순서]

◐Pan(팬터그래프) → MCB(주차단기) → ADCg (교직절환기) → MF(쥬휴즈) → MT(주변압기: 2차측) → AK(교류접촉기:CHRe충전) → K1, K2 → C/I(컨버터/인버터) → IM(주전동기: IM 4대 병렬)

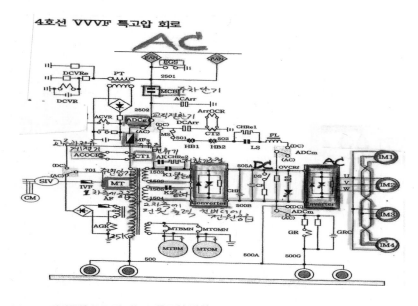

4호선 VVVF 특고압 회로

예제 다음 중 4호선 VVVF 전기동차 직류구간 역행 시 전원흐름 순서는?

가. Pan → MCB → ADCg → MS → HBl,2 → FL → LS → ADCm → INV → IM

나. Pan → MCB → ADCg → MS → LS → HBl,2 → FL → ADCm → INV → IM

다. Pan → MCB → ADCg → MS → HBl,2 → LS → FL → ADCm → INV → IM

라. Pan → MCB → ADCg → HBl,2 → MS → LS → FL → ADCm → INV → IM

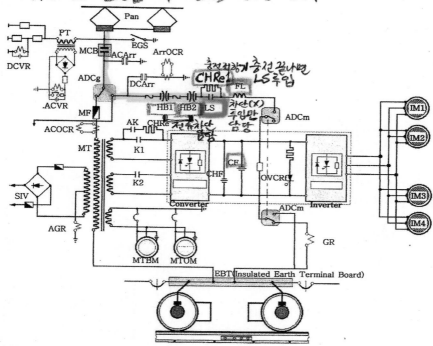

2. 주회로

- 주변환장치 → TM

- 주회로: 주변환 장치 → 유도 전동기 모터까지의 회로

- 주회로란 주변환장치(컨버터, 인버터)와 삼상교류 유도전동기를 의미한다.

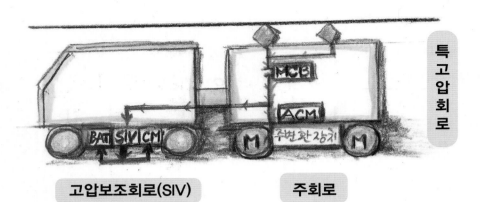

특고압회로

고압보조회로(SIV)   주회로

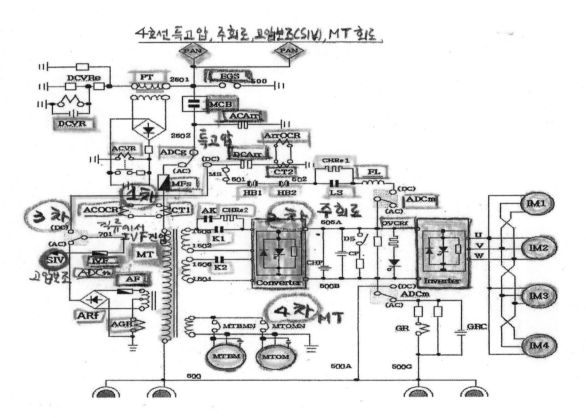

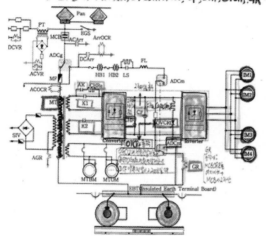

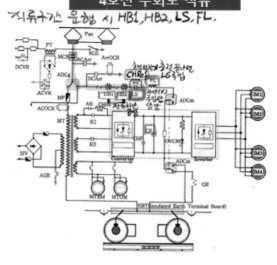

3. 고압보조회로

❶ 주변환장치와 접선인 701선에서 SIV등을 지나 500선까지의 회로

예제 다음 중 4호선 VVVF 전기동차 교류구간에서 보조회로 전원흐름 순서는?

가. Pan   MCB   ADCg   ADCm   AF   MT   IVF   SIV   CM

나. Pan   MCB   ADCg   MT   AF   ADCm   IVF   SIV   CM

다. Pan   MCB   ADCg   AF   ADCm   MT   IVF   SIV   CM

라. Pan   MCB   ADCg   AF   MT   ADCm   IVF   SIV   CM

해설 4호선 VVVF 차량의 교류구간 보조회로 전원흐름 순서

❶Pan(팬터그래프) → MCB(주차단기) → ADCg(교직절환기:AC위치) → MT(주변압기 3차측(AC1,770V)) → AF(AT(보조변압기)급전선) → ADCm(교직 절환기 스위치) → IVF → (인버터 휴즈) → SIV(보조전원장치) → CM(공기압축기전동기)

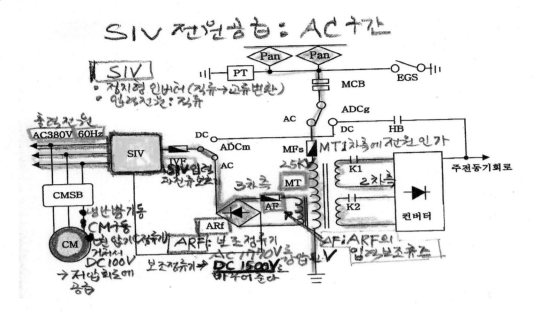

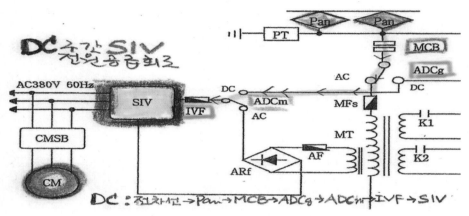

4. 저압보조회로

◑축전지 충전 등 부속기기에 필요한 회로

- 보조 전원장치 (SIV)에서 발생한 3상 교류(440V)를 이용하여 교류 또는 직류 100V로 변환시켜 사용되는 모든 저압회로를 의미
- 운전실보조장치, 출입문 등 각종 기기의 제어회로 및 등회로
- 저압보조회로는 직류 100V 회로와 교류 100V 회로로 구분
- 각종기기의 제어회로 및 등회로, 기타 축전기충전 등 부속기기에 필요한 회로(AC100V, DC100V) (운전실보조장치, 출입문 등)
- DC 100V, AC 100V, AC 440V 회로

고압보조회로와 저압보조회로

✔ 고압보조회로: SIV 및 CM을 거쳐 흐르는 회로

✔ 저압보조회로: SIV에서 발생한 440V(4호선 380V)를 이용 직류교류 100V 사용

[예제] **다음 4호선 VVF전기동차 직류구간에서 보조회로 전원흐름 순서는?**

가. Pan → MCB → ADCg → ADCm → IVF → SIV → CM

나. Pan → MCB → ADCm → ADCg → SIV → CMP

다. Pan → MCB → IVF → ADCg → SIV → CM

라. Pan → MCB → IVF → ADCm → SIV → CM

[해설] ◖4호선 VVF 차량의 직류구간 역행시 보조회로 전원흐름은 Pan → MCB → ADCg → ADCm → IVF → SIV → CM 순이다.

제4장

특고압 주요기기

제4장

특고압 주요기기

제1절 **특고압 개요**

1. 교·직류 전기동차 회로의 분류

① 특고압회로: 팬터그래프에서 주변환장치 전까지의 AC25kV 가압구간

② 주회로: 주변환장치(콘버터, 인버터)와 삼상교류 유도전동기회로

③ 고압보조회로: 고압보조기기 SIV 및 CM 를 거쳐 흐르는 회로

④ 저압보조회로: 교직류 100V회로(SIV 출력: 과천선−AC440V, 4호선−AC380V)

제2절 **특고압 주요기기의 구조 및 작용**

1. 팬터그래프(Pantograph: Pan)

－ 전차선의 전원을 전기동차로 수전하는 집전장치이다.

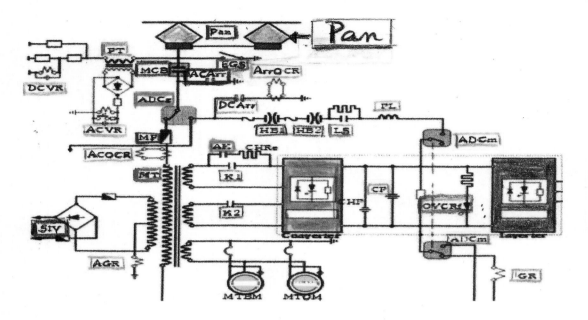

(1) 집전장치의 특징

① 전차선의 고 · 저 변화에 대해 원활한 접촉성능을 갖도록 설계

② 틀 조립은 하부를 상호 교차하여 마름모형으로 함으로써 틀 조립 소형화

③ 주요작동부분에 커버 설치, 실린더는 고무 다이어프렘 방식 채용

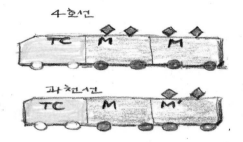

(2) 주요제원

구분		개요
조작방식	방식	전자공기식
	조작압력	5kg/㎠
	압상력	6kg/㎠
동작시간	상승	12 ± 2초
	하강	5 ± 1초

높이	접은높이	280mm
	최저작용높이	530mm
	표준작용높이	1,000mm
	최고작용높이	1,380mm
	돌방시높이	1,480mm
전차선의 높이	최저	4,750mm
	표준	5,200mm
	최고	5,400mm

*조작압력: 5kg/cm^2(공기압력)
*압상력: 6kg(들어올리는 힘)
*동작방식: 공기상승, 스프링 하강

(3) 구조

– 습판체, 틀조립체, 주스프링, 작용실린더

▶ 설치 수 – 저항차 M′차 1대당 1개

– VVVF차 M′차 1대당 2개(회생제동시 전차선과 Pan의 분리를 고려)

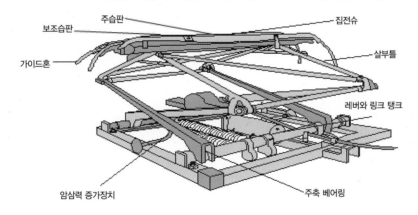

주습판 집전슈
보조습판 살부틀
가이드혼 레버와 링크 탱크
암삼력 증가장치 주축 베어링

예제 다음 중 Pan(팬토그래프)의 각 기기에 관한 설명으로 틀린 것은?

가. 주스프링 2개가 설치되어 있다.

나. 습판체는 형상기억 합금판이 사용된다.

다. 습판체는 주습판과 보조습판으로 구성되어 있다.

라. 틀 조립체는 상부틀과 하부틀 조립체로 구성되어 있다.

해설 습판체는 알루미늄 합금판이 사용된다.

(4) 팬터그래프 작용

① Pan상승작용

- PanV가 여자되어 작용실린더에 압력공기가 공급되면 실린더 내의 하강스프링 힘을 이기고 피스톤을 밀어 주스프링 힘에 의해 Pan을 상승시킨다.

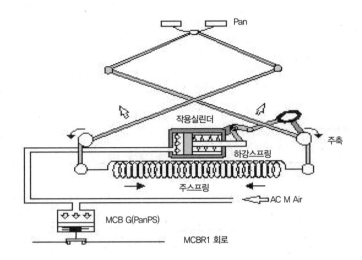

② Pan하강작용

- PanV의 무여자로 압력공기가 배기되면 하강스프링의 힘으로 피스톤을 잡아당겨 주스프링의 힘을 이기고 Pan을 하강시킨다.

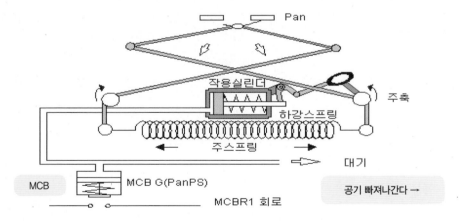

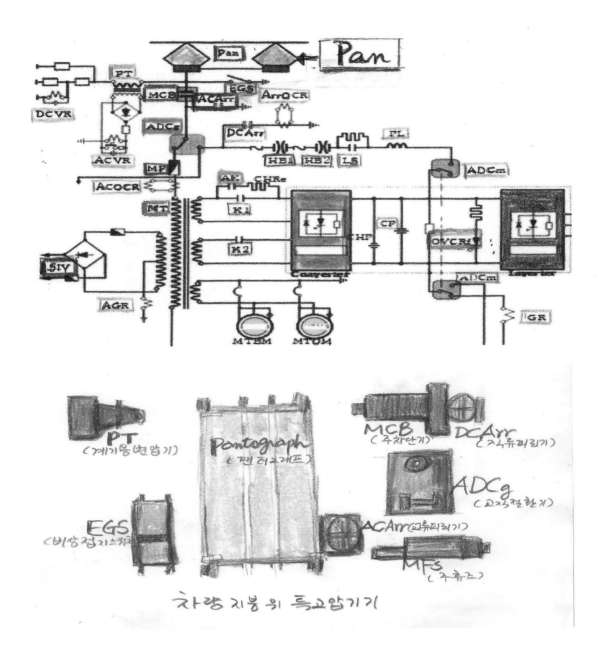

차량지붕 위 특고압기기

예제 다음 중 4호선 VVVF 전기동차의 M차 지붕 위에 설치되어 있는 장치가 아닌 것은?

가. DCArr

나. PT

다. MCB

라. MT

2. 비상접지스위치(Emergency Ground Switch: EGS)

– 교류구간 운행 중 전차선로에 장애 발생으로 급히 전차선 차단 시 필요한 기기이다.
– 또는 검수작업 시 전차선 전원을 팬터그래프를 통하여 대지로 접지시킬 때 사용하는 기기
  이다.
– 운행 중 전방에 전차선이 늘어져 있고 끊어져 있다. → 이 경우 기관사는 EGS스위치를 눌
  러 전차선을 단전시켜야 한다.
– 비상시, 검수 시에 팬터그래프 회로를 직접 접지시켜 전차선을 단락하고 변전소의 차단기를
  개로시킨다.
– M차 옥상에 설치한다(과천선 의 경우 M′차).
– 운전실의 EGCS 취급으로 동작되며 EGCS를 취급하면 모든 EGS가 동작한다.
– 또한 EGSR 보조계전기로 인해 일단 Pan이 하강된 후에는 EGCS를 복귀하지 않으면 Pan을
  상승시킬 수 없다.
– EGS가 동작되어 용착된 경우에는 Pan 상승순간 단전된다.

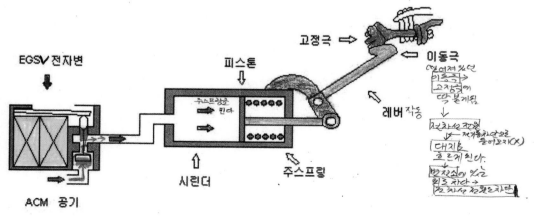

[EGS동작시의 조치]

① 현상　ⓐ Pan 상승상태에서 MCB투입과 관계없이 전차선 단전

　　　　ⓑ Pan 상승 불능(EGSR)

② 조치　ⓐ 즉시 EPanDS 취급

　　　　ⓑ EPanDS 복귀하고 전후 운전실 EGCS 확인

　　　　ⓒ 동작된 EGCS 복귀(EGS 용착여부 확인)

　　　　ⓓ EGS 용착시에는 해당 M´차 완전부동 연장급전(과천선은 M´차)

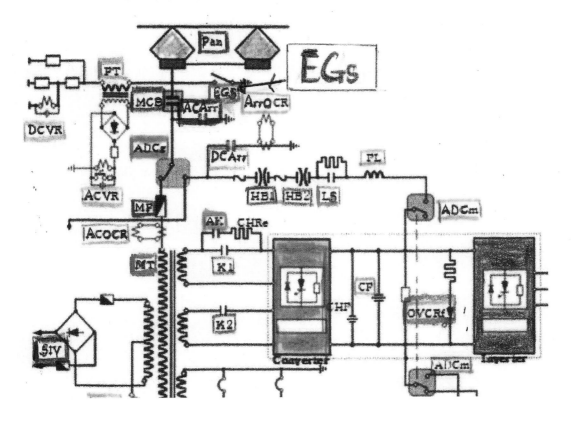

[EPanDS 및 EGCS 고장시의 조치]

① EPanDS 고장시

　－ TC차 PanDN OFF 후 후부에서 추진운전(MCB 기계적 차단)

　－ 4호선 전동차는 제어대에 CIILP등(정전표시등)이 점등되고 EPanDS 램프에 적색등 점등

② EGCS 고장시

　－ TC차 PanDN OFF 후 전부운전실에서 운전

예제 다음 중 비상접지스위치(EGS)에 관한 설명으로 틀린 것은?

가. 전동차 기동 시 EGS 동작된 경우 일부 차량 Pan 상승 불능

나. 공기압력에 의해 교류구간에서만 동작한다.

다. 검수작업 시 전차선을 Pan를 통해 접지시키는 경우에도 취급한다.

라. 전차선로 장애 발생으로 전차선 전원 차단 시 취급한다.

〈EGS란?〉

• 교류구간에서의 EGS 동작된 경우에는 전체차량 Pan상승이 불능이다.

• 공기압력에 의해 교류구간에서만 동작한다.

• 전차선로 장애 발생으로 급히 전차선 차단 필요 시 또는 검수 작업 시 전차선 전원을 팬토그래프(Pan)를 통하여 대지로 접지시킬 때 사용하는 기기다.

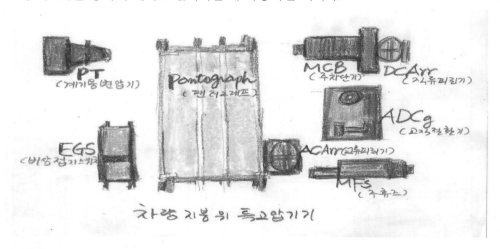

3. 계기용변압기(Potential Transformer: PT)

- M차 옥상에 설치되어 전차선의 전원종류(AC, DC)를 탐지하여 주회로를 전차선 전압에 일치하는 회로로 구성시킨다(과천선은 M′차).

- AC구간에서는 변압기로 100V로 강압한 후 ACVR을 여자시키고, DC구간에서는 저항으로 강압한 후 DCVR을 여자시킨다.

- AC25kV를 AC100V로 강압하여 교류전압계전기(ACVR) 작동, 직류구간에서는 1,500V가 그대로 흘러들어가서 DCVR 동작시킴. 전차선 전원의 종류 탐지, 주회로 제어계통을 전차선 전압에 일치시키도록 지시해 주고 설정해 주는 역할

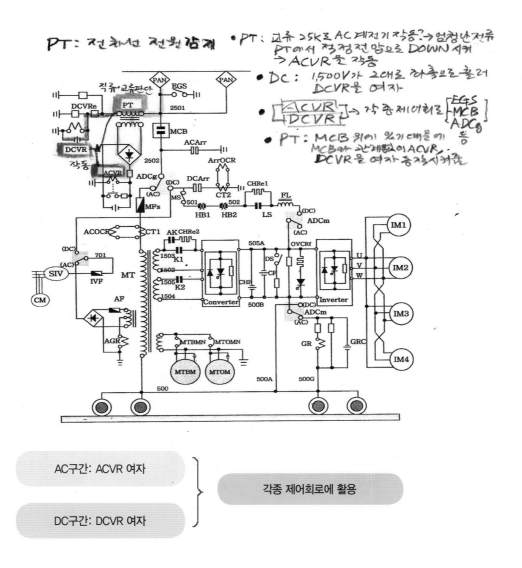

PT: 전차선 전원 감계

- PT: 교류 25K로 AC 계전기 작동? → 엄청난전류
  PT에서 적정전압으로 DOWN 시켜
  → ACVR을 작동
- DC: 1,500V가 그대로 하층으로 흘러
  DCVR을 여자
- ACVR / DCVR → 각종제어회로 [EGS MCB ADCg 등]
- PT: MCB 위에 %가 대를 기
  MCB와 관계없이 ACVR,
  DCVR을 여자 중지시켜라

┌─────────────────┐
│ AC구간: ACVR 여자 │ ┐
└─────────────────┘ │
                     ├── 각종 제어회로에 활용
┌─────────────────┐ │
│ DC구간: DCVR 여자 │ ┘
└─────────────────┘

예제 다음 중 계기용 변압기(PT)에 관한 설명으로 틀린 것은?

가. 전차선 전원 종류를 탐지한다.

나. M'차 지붕에 장착되어 있다. (4호선 VVVF 전기동차 M차)

다. AC25kV를 AC100V 강압한다.

라. 주회로 제어계통을 전차선 전류에 일치시키도록 지시한다.

해설 계기용 변압기(PT)는 주회로 제어계통을 전차선 전압에 일치시키도록 지시한다.

- PT는 전력계통에 흐르는 대전류, 고전압을 측정하기 위해 적당한 값으로 전류와 전압을 바꾸어 주는 장치.
- CT는 큰 전류를 작은 전류로 바꾸어 주는 것이며, PT는 높은 전압을 낮은 전압으로 바꾸어 주는 전력기기.

4. 주차단기(MCB)

- 전기동차의 전원을 개폐시키거나 이상 발생 시 보호기기의 연동으로 회로를 차단하여 전동차의 특고압 회로를 여닫는 역할을 한다.
- 교류구간 운전 중 전기기기의 고장, 과대 전류, 이상전압에 의한 장애, 교류피뢰기 방전 등 이상 발생 시 전차선 전원과 전기동차 간의 회로를 신속히 차단하여 하부에 있는 기기들을 안전하게 보호한다.
- 일제차단 순차투입 방식이다.

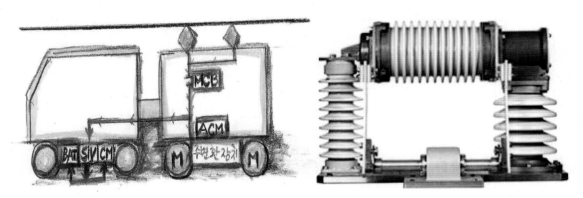

주차단기(MCB)
www.vitzrotech.com

(1) 개 요

- 주차단기는 교류구간 운전 중 주변압기 1차측 이후의 전기기기에 고장이 발생하였거나 과대전류 혹은 이상전압에 의한 장애 또는 교류피뢰기의 방전 등 이상 발생 시 전차선 전기동차 간의 회로를 신속, 정확하게 차단하는 작용을 한다.
- 직류구간에서는 차단동작을 할 수 없도록 되어있다. (단순히 특고압 회로를 개폐하는 역할만)

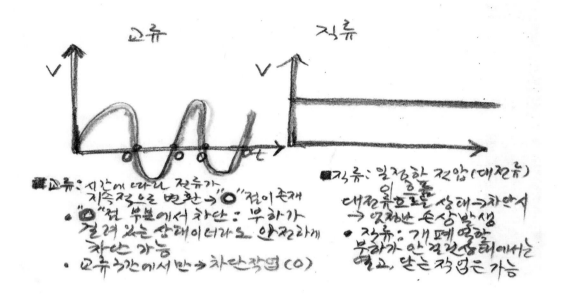

■ 교류 : 시간에 따라 전류가 지속적으로 변환 → "0" 점이 존재
• "0" 점 부분에서 차단 : 부하가 걸려 있는 상태이더라도 안전하게 차단 가능
• 교류 구간에서만 → 차단작업 (O)

■ 직류 : 일정한 전압 (대전류)
• 대전류으로 상태 → 차단시 → 엄청난 손상발생
• 직류 : 개폐 열할 부하가 안 걸린상태에서는 열고, 닫는 작업은 가능

(2) 특징

① 소형이기 때문에 구조가 간단하고 조작음이 작다.

② 차단부는 진공밸브를 사용하였기 때문에 별도의 보수 점검이 필요하지 않다.

③ 투입조작에 사용되는 공기량이 극히 적어 별도의 공기통이 필요없다.

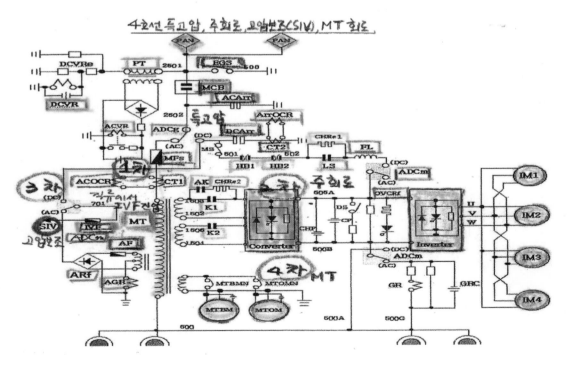

(3) 구 조

주차단기의 투입은 조작공기압력에 의해 이루어지며 차단은 차단코일(MCB-T)이 여자되면 신속차단스프링에 의해 차단된다.

① 진공밸브

② 조작부

③ 보조 스위치

④ 보온용 전열기(100V, 100W 전열기 2개)

⑤ 팬터그래프 압력스위치(PanPS)는 팬 상승작용시의 압력공기에 의해 전기적인 회로를 구성(PanPS: 과천선 4.1~4.4kg/cm² , 4호선 4.2~4.7 kg/cm²)

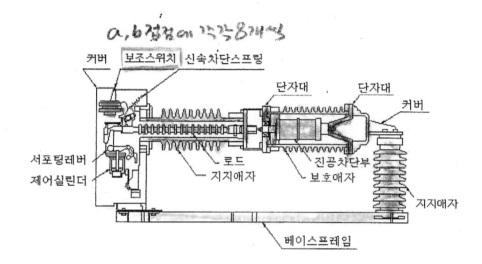

(4) 주차단기의 동작

① 투입동작: ◑주차단기 투입 → 전자변(MCB-C) 여자 후 소자

MCB 투입동작

① MCB-C 여자

② 압축공기 투입

③ 작용피스톤 레버 상승

④ 70레버 상승

⑤ 가동전극 이동 ⇒ MCB투입

⑥ 보조접점 회로 구성

⑦ MCB-C 소자

⑧ 지지레버에 의해 투입상태 유지

② 차단동작: ●주차단기 트립코일(MCB-T) 여자

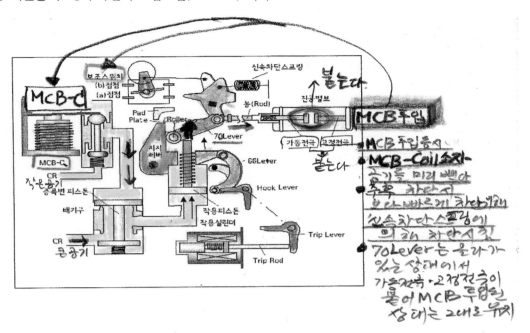

- MCB 차단 동작

  ① MCB-Trip coil 여자

  ② Trip Rod 동작 ⇒ Trip레버, Hook레버 동작

  ③ 지지레버가 패드 플레이트에서 분리

  ④ 신속차단스프링 장력에 의해 가동전극 분리 ⇒ MCB차단

  ⑤ 보조접점 회로 구성

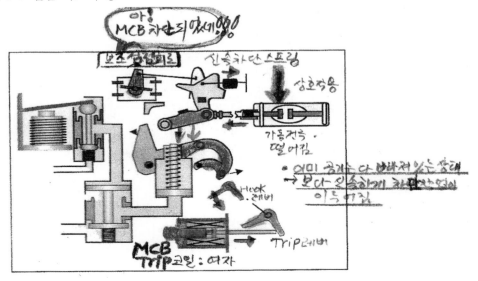

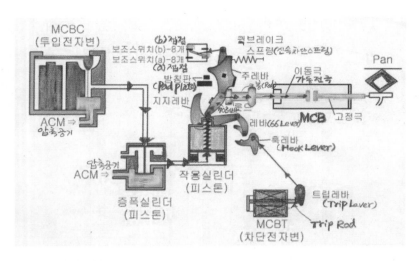

5. 교직절환기(AC–DC Change Over Switch: ADCg)

- M차 지붕에 설치되어 전차선전원에 따라 전동차의 회로를 AC 또는 DC로 절환해주는 기기
  (과천선은 M′차)
- ADS의 절환시 MCB차단 조건에서 공기압력에 의해 동작한다.
- 언제 ADCg 쓰나?
  AC → DC 또는 DC → AC로 넘어갈 때 쓴다. (운전실에 교직절환 스위치가 있다)

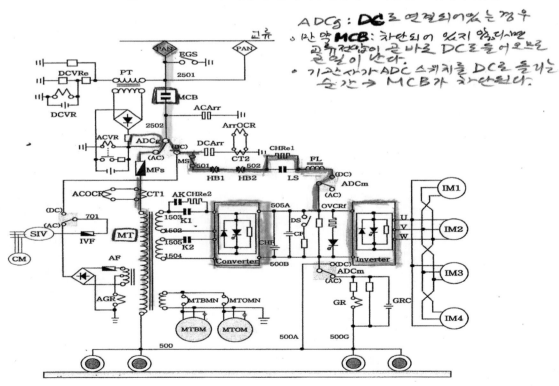

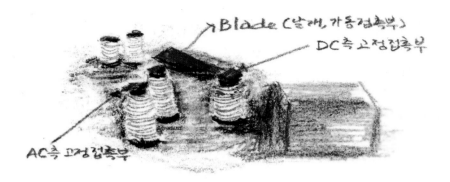

[AC → DC 구간 진입 시 ADCg작용]

① 기관사 ADS DC전환

② MCB 차단 (반드시 MCB가 차단되어야 한다)

　MCB역할: Pan에서 받은 전원을 각종 특고압 기기들을 작동시켜 모터를 돌릴 수 있게 만든다. (MCB를 모두 차단시켜서 DC전환에 대비한다)

③ AC측 ADCg 전자변 소자

　DC측 ADCg 전자변 여자

④ Blade(가동편) → DC측 고정접촉부 투입으로 회로 전환

[절연구간 운행 시 이 차가 어느 구간에 있나?]

• 현재 이 전동차는 여전히 교류(AC25K)구간에 있지 않나요?

　– MCB가 차단이 되었기 때문에 그 교류전원은 받아들이지 못한다. 받으면 큰일난다!! 모든 기기가 파괴된다 → 이미 DC쪽으로 회로가 구성되어 있으므로

　– 각종 전기공급이 끊긴 상태에서 타력으로 굴러가고 있는 것이다.

• 내가 DC를 받고 있구나!! 어떻게 알까?

　– PT를 통해서 DCVR계전기가 여자되기 때문이다. PT는 Pan만 상승되어 있으면 그 전원을 탐지하는 능력을 가지고 있다.

　– DC구간에 들어오면 "아!DC구간에 들어왔네!"

　　그러면 DCVR계전기를 투입해야 되겠네!!" → MCB를 투입시킨다!

　　이때부터는 모터가 돌아가게 되는 것이다.

　– DC구간에 와서는 구동력을 발휘하여 역행운전하게 된다.

예제　다음 중 교직절환기(ADCg)에 관한 설명으로 틀린 것은?

가. ADAN, ADDN 차단 시 해당차는 교직절환이 불가능하다.

나. 회로절환부와 조작부로 구성되어 있다.

다. ADS전환 시 MCB가 차단된 조건에서 ADCg가 절환된다.

라. 교직절환 시 전자력에 의해 ADCg가 절환된다.

해설　교직절환 시 압축공기에 의해 절환 방식을 가진다.

6. 교류피뢰기(ACArr)

- 교류구간 운전 중 낙뢰 등의 써지 전압이 유입되었을 때 방전되어 기기를 보호한다.
- 동작시에는 MCB 투입순간 단전된다.

[ACArr동작시의 조치]

① 현상 － ACV 소등, MCB OFF등 점등

② 조치　ⓐ 순차적으로 MCB를 투입하여 피뢰기 동작차량을 파악

　　　　ⓑ 해당차량 완전부동취급, 연장급전

- ACArr피뢰기 동작 시 MCB차단은 MCB제어회로에 의한 차단이 아니고 전차선 단전 (ACVRTR)에 의해서 차단된다.
- Pan만 상승된 상태에서 전차선 단전이 발생되면 EGS동작에 의한 것이고,
- MCB투입 후 즉시 전차선 단전이 발생되면 AC피뢰기 동작에 의한 것이다.

[설치 위치]

- 4호선 VVVF차 M차 지붕 위에 설치(과천선은 M′차)

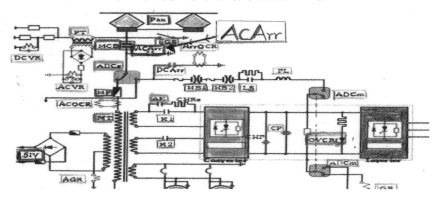

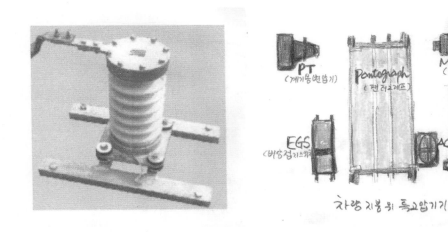

차량지붕위 특고압기기

7. 직류피뢰기(DCArr)

① 직류구간 운전 중 써지 전압이 유입되었을 때 방전되어 기기를 보호한다.

② 교류모진시(MCB 절연불량, MCB 기계적 고착) CT2에 의해 ArrOCR을 동작시켜 MCB를 차단시킴으로써 기기를 보호하고 해당차량 백색 차측등과 Fault등을 점등시킨다.

– 전동차가 직류구간에서 교류구간 진입 시 ADS 조작 실념(깜빡 잊다!!)으로 전동차의 회로가 직류인 상태에서 교류구간을 진입하는 경우(교류모진: 교류를 모르고 진입) DCArr(직류 피뢰기) 동작으로 전동차 및 기기를 보호해 준다.

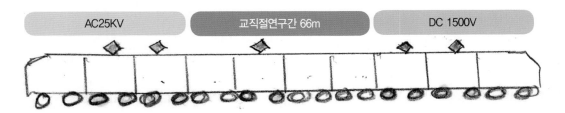

[DCArr 동작 시의 조치(교류모진)]

① **현상** ⓐ ACV 소등, MCB OFF점등

ⓑ Fault등, 해당 M′차 백색 차측등 점등

ⓒ 모니터에 "AC과전류(1차)"현시

② **조치** – 해당 M차 완전부동, 연장급전(과천선은 M′차)

[직류구간에서 DCArr 동작시의 조치]

① 현상 – DCV 소등, MCB OFF점등

② 조치 ⓐ 순차적으로 MCB를 투입시켜 동작차량 파악

　　　　ⓑ 해당 M차 완전부동, 연장급전(과천선은 M′차)

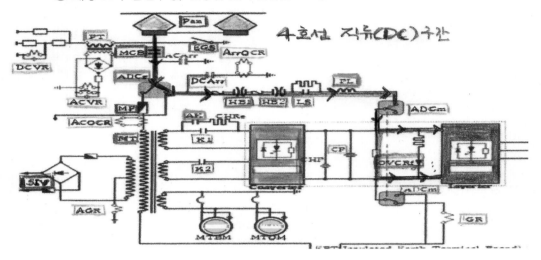

8. 주휴즈(MFs)

- M차 지붕에 설치되어 MT 1차측에 큰 전류가 흘러들어올 경우 용손되어 변압기를 보호
한다.(과천선은 M′차)
- 직류모진시 대전류로 인해 용손되어 주변압기를 보호한다.
- 용손시에는 적색단추가 약 30mm 가량 튀어나와 용단여부를 알 수 있다.

9. 주변압기(MT)

- M차 하부에 있으며 Pan에서 수전한 AC전원을 강압하여 C/I의 컨버터에 보내주는 역할
을 한다.
- 경부선이나 서울교통공사 차량에는 3차권선(SIV)과 4차권선(MTOM, MTBM)이 있다.
　① 과천선: 전압을 2×840V 강압하여 주변환기 장치인 컨버터에 보내 준다.
　② 4호선: 2차권선 AC 855V(2개)로 강압하여 Converter/Inverter 장치에 공급
- 전압(4호선): 1차(25,000V), 2차(855V×2), 3차(1,770V), 4차(229V)

> 과천선:
> AC 25,000V ⇒ AC 840V × 2조 ⇒ 컨버터 공급 → 컨버터 ⇒ VVVF인버터 ⇒ 전동기(TM)
> MT ⇒ SIV(AC 440V)⇒ MTBM, MTOM

예제 다음 중 4호선 VVVF전기동차의 주변압기(MT)권선 전압으로 틀린 것은?

가. 1차 권선: AC25

나. 2차 권선: AC350

다. 3차 권선: AC1,700

라. 4차 권선: AC229

해설 4호선 VVVF전기동차의 주변압기(MT) 2차 권선 전압 855V이다.

예제 다음 중 4호선 VVVF 전기동차의 주변압기 4차측에 유기되는 전압은?

가. 229V

나. 380V

다. 855V

라. 1,770V

10. 과전류계전기(ACOCR)

– M차 하부의 교류제어기함 내에 설치되어 있고 교류구간 운행 중 MT 1차측으로 과전류가 유입될 때 CT1에 의해 여자되어 주차단기를 차단하여 기기를 보호한다(과천선은 M´차).

– 전차선 이격이나 MCB투입시, 교교구간 통과시에는 순간 써지전압으로 인식되어 동작하더라도 MCBTR의 시한작용(0.5초)으로 인해 MCB가 차단되지 않는다.

[교류과전류 1차 발생시 조치]

① 현상   ⓐ "AC과전류(1차)"표시

　　　　 ⓑ MCB 차단, Fault등 및 해당 M차 백색차측등 점등

② 조치   ⓐ 모니터 및 차측등으로 고장차량 확인

　　　　 ⓑ MCB OS – RS – 3초 후 MCBCS취급(Fault 소등)

　　　　 ⓒ Pan하강 – BC취거 – 10초 후 재기동

　　　　 ⓓ 재차 발생시 완전부동 취급 후 연장급전

예제　다음 중 MT 1차측 과전류 발생 시 MCB를 차단시킴으로써 이하의 기기를 보호하는 것은?

가. ACOCR　　　　　　　　　나. MFs

다. FL　　　　　　　　　　　라. ArrOCR

해설　ACOCR-교류 과전류 계전기, ArrOCR-직류 모진 보조 계전기 FL – 필터리액터, MFs –주 퓨즈

11. 필터리액터(FL)

– DC구간에서 운행될 때 입력측 전원에 포함된 고주파 전압성분(리플전압)을 제거하여 인버터의 동작을 안정적으로 양호하게 하는 역할을 한다.

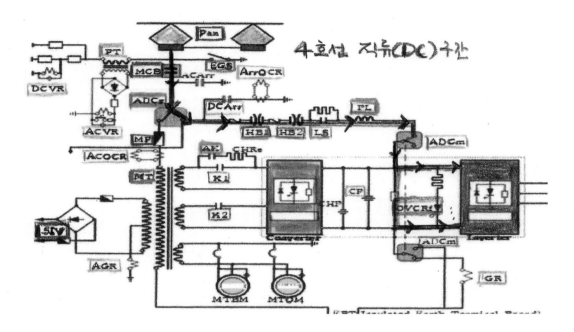

예제 다음 중 필터리액터(FL)에 관한 설명으로 틀린 것은?

가. 강제통풍 냉방 방식이다.

나. 인버터를 안정적으로 동작시킨다.

다. M′차(과천선) 지붕에 장착(4호선 VVVF 전기동차는 M차)되어 있다.

라. 직류구간 운행시 주회로의 고주파 성분을 제거한다.

12. 변류기(CT)

- 과전류 보호용 변류기(CT1)은 주변압기 1차측에 과전류 발생 시 과전류계전기(ACOCR)
  를 동작시켜 주차단기(MCB)를 개방한다(전류를 조금 다운시킨 다음에 ACOCR을 동작
  시킨다).

- 모진 보호용 변류기(CT2) 직류구간 운행 중 전차선에 교류 25KV가 혼촉되거나 교류 모
  진 시에 동작하여 피뢰기 과전류계전기(ArrOCR)를 동작시켜 MCB를 차단시킨다.

- 기관사의 실념으로 DC구간에서 AC로 바꾸지 않았을 경우 DCArr동작 후 ArrOCR이 연
  달아 동작한다.

    ① CT1(과전류 보호용 변류기) - ACOCR을 동작시키는 변류기

    ② CT2(모진 보호용 변류기) - ArrOCR을 동작시키는 변류기

13. 주변환기(C/I: Converter/Inverter)

4대의 유도전동기를 병렬제어하기 위한 전력 공급

① 컨버터 - 주변압기에서 보낸 AC전원을 DC전원으로 정류하여 인버터에 정전압, 정주파
수의 전원을 공급한다.

② 인버터 - 컨버터 또는 DC가선에서 공급받은 DC전원으로 교류유도전동기를 구동하기
에 알맞은 교류 3상 전원을 출력한다.

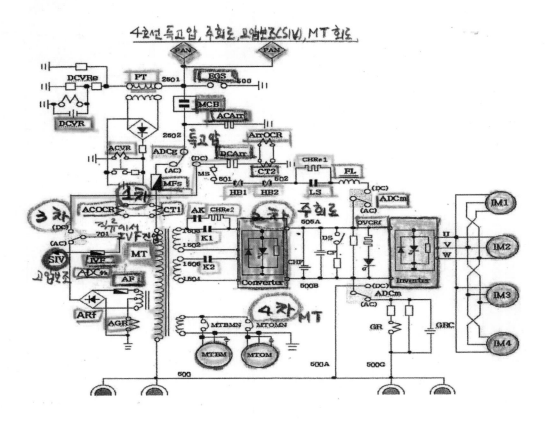

(1) 과천선 VVVF 전기동차

① 컨버터: 주변압기 교류전원(AC840V)을 주변환기 컨버터에서 DC1,800V로 정류

② 인버터: 컨버터 또는 가선으로부터 직류 전압을 공급받아 AC1,100V를 출력

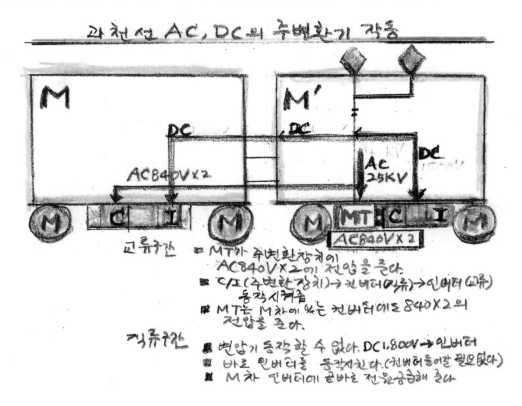

과천선
VVVF 전동차
	1. CONVERTER: AC 25,000V ⇒ AC 840V × 2(MT) ⇒
	  DC 1,800
	2. INVERTER: DC 1,800V ⇒ AC 0~1,100V, 0~200Hz ⇒
	  견인전동기에 전원 공급

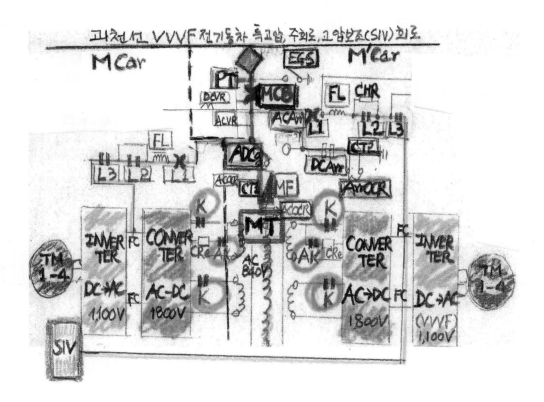

(2) 4호선 VVVF 전기동차

① 컨버터: 주변압기 전원(AC855V×2)을 주변환기 컨버터에서 DC1,650V로 정류

② 인버터: 교류구간 0~1,250V, 직류구간 0~1,100V, 주파수 0~160Hz 변환

4호선 VVVF 전동차	1. CONVERTER: AC 25,000V ⇒ AC 855V × 2 (MT) ⇒ DC 1,650V 2. INVERTER: DC 1,650V ⇒ AC VVVF 0~1,100V , 0~160Hz

14. OVCRf(Thyrister for Over Voltage Protection: 과전압 보호 Thyristor)

  (시험에 자주 출제된다)

 - 주회로에 과전압 또는 GTO 오점호(스위칭 작업에 오류발생 시) 발생 시 동작하여 주회로 기기를 보호하는 기능을 한다.

 - 주회로 전류를 OVRe(과전압저항기) 통해 방전으로 보호한다.

[OVCRf 동작 조건]

① GCU 내(Gate Control Unit: 주변환기를 전체적으로 제어할 수 있는 컴퓨터 장치) 전원 전압 저하 시(제어 전원 이상 시, 제어 전원이 들어가지 않을 때) 과전압보호용 Thyrister를 동작시키게 한다.

② GTO Gate(고도의 스위칭 작업) 전원 전압 저하 시 OVCRf 동작

③ CF 양단(양쪽) 전압이 2,200V 이상 과전압 상태일 때 OVCRf 동작

 － 상기 조건으로 OVCRf 동작 시 THFL(중 고장 표시등) 점등되고, 고장 차량 개방 조건이 되며, Reset스위치를 취급하면 복귀된다.

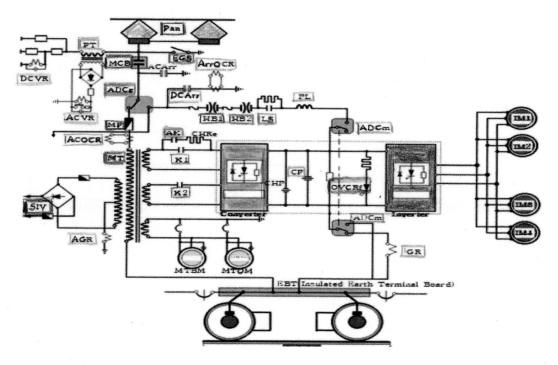

[회생제동 사용 중 전차선 단전 시 조치]

① 동작원인

 ⓐ 전차선 이격시

 ⓑ 무전압구간 진입시

 ⓒ Gate 이상시 OVCRf의 동작으로 전차선이 단전된다.

② 조치

 ⓐ BC 완해위치로 하여 OVCRf 복귀

 ⓑ MCB OS － RS － 3초 후 MCBCS하여 OVCRf 동작으로 인한 병발고장을 복귀하여 운행

ⓒ 복귀불능시에는 Pan하강 — BC취거 — 10초 후 재기동할 것

1. 특고압 개요

편성 및 기기배치: TC1— M — M — T1 — M — T2 —T1 — M — M —TC2

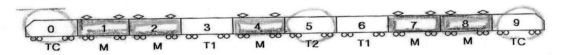

○ **10량 편성은 5M 5T로 구성됨**
○ **Pantograph, MCB, MT, C/I, TM : 1호차, 2호차, 4호차, 7호차, 8호차**
○ **SIV, CM, Battery : 0호차, 5호차, 9호차**

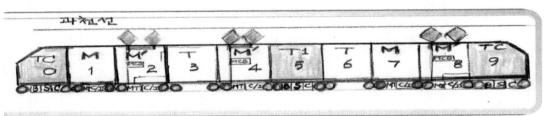

○ 10량 편성 : 5M 5T
○ Pan, MCB, MT, C/I, TM : 2호차, 4호차, 8호차
○ MT, C/I, TM : 1호차, 7호차
○ SIV, CM, Battery : 0호차, 5호차, 9호차

2. 4호선 VVVF 특고압 회로

가. 4호선 주회로 전원의 흐름

(1) 교류구간 :

(가) 역행(동력운전)

◐ PAN1.2 → MCB → ADCg(AC위치) → MFs → MT(2차측) → AK(CHRe충전) → K1, K2 → 컨버터/인버터 (C/I) → 주전동기(IM)

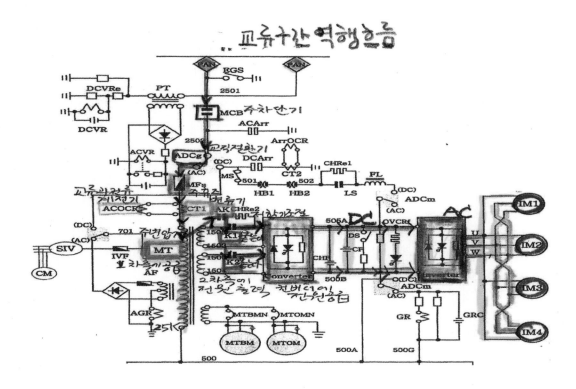

교류구간 역행흐름

(나) 회생제동

◑ 주전동기 회생전류 → I/C(인버터/컨버터) → ADCg(교직절환기) → MCB(주차단기) → PAN → 전차선

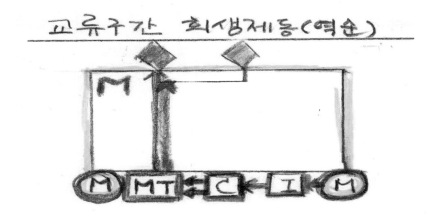

교류구간 회생제동(역순)

[4호선 교류구간 회생제동(전기제동) 원리]

- 모터가 돌아가고 있다가 가속을 멈추게 되면 모터는 역행이 되지 않더라도 관성의 힘으로 계속 굴러가게 된다.
- 그 상태에서 제동 취급을 하면 → 전동기가 전기를 이용하여 동력을 발생시켰던 것이 거꾸로 동력에 의해 전기가 발생되는 발전기의 형태로 바뀌게 된다.
- 전기는 속력을 감소시키는 방향으로 힘이 발생하게 된다.
- **발전제동**: 저항제동차에 사용했던 발전제동은 기술력 부족으로 회생으로 올려주지 못했었다.
- 회생제동은 쵸퍼제어차부터 적용되기 시작했다.

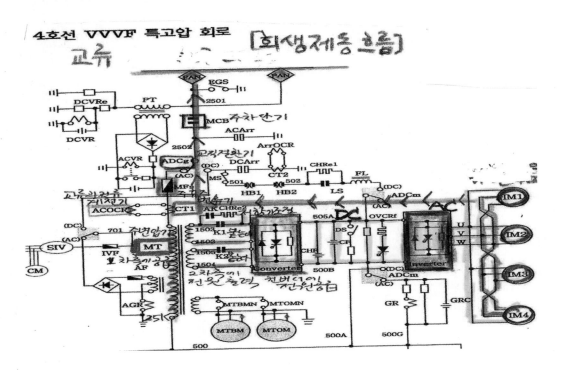

(2) 직류구간:

(가) 역행(동력운전)

●PAN1.2 → MCB → ADCg(DC위치) → MS → HB1, 2 → CF충전후(LS) → FL → ADCm → 인버터(I) → 주전동기(IM)

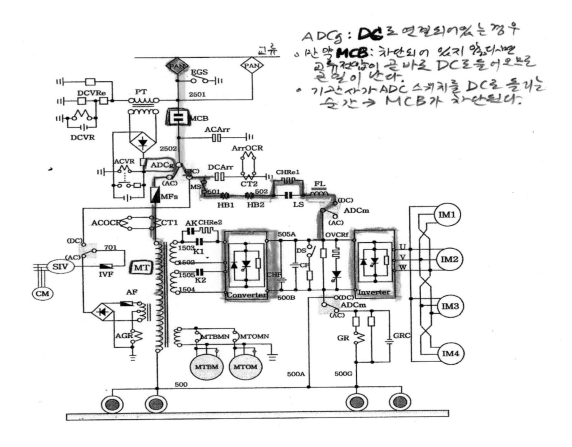

ADCg : **DC**로 연결되어있는 경우
- 만약 **MCB**: 차단되어 있지 않다면
교류전압이 곧바로 DC로 들어오므로
큰일이 난다.
- 기관사가 ADC 스케치를 DC로 틀리는
순간 → MCB가 차단된다.

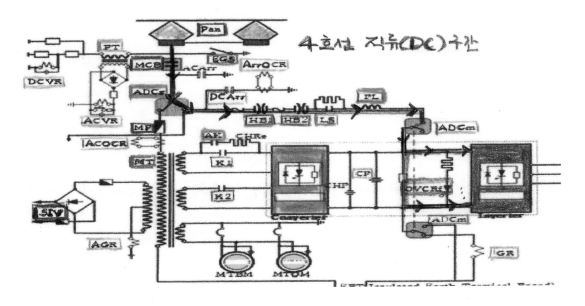

4호선 직류(DC)구간

(나) 회생제동

◗주전동기 회생전류 → 인버터(I) → ADCm → FL → LS → HB2,1 → ADCg → MCB → Pan → 전차선

예제 다음 중 4호선 VVF 전기동차 직류구간 역행 시 전원 흐름 순서는?

가. Pan → MCB → ADCg → MS → HB1,2 → FL → LS → ADCM → INV → IM

나. Pan → MCB → ADCg → MS → LS → HV1,2 → FL → ADCm → INV → IM

다. Pan → MCB → ADCg → MS → HB1,2 → LS → FL → ADCm → INV → IM

라. Pan → MCB → ADCg → HB1,2 → MS → LS → FL → ADCm → INV → IM

해설 4호선VVF차량의 직류구간 역행시 전원흐름은
Pan → MCB → ADCg → MS → HB1,2 → LS → FL → ADCm → INV → TM 순이다.

나. 4호선 보조회로 전원의 흐름

(1) 교류구간

(가) SIV, CM

◗전차선 → PAN → MCB → ADCg(AC위치) → MT3차측(AC1,770V) → AF → ADCm → IVF → SIV → CM

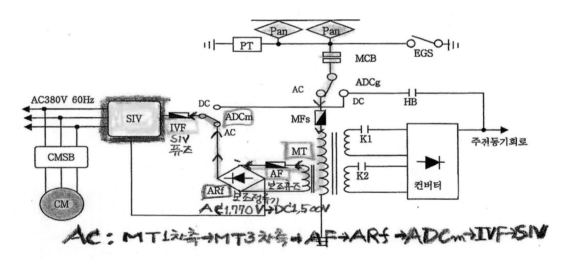

◗전차선 → PAN → MCB(주차단기) → ADCg(교직절환기:AC위치) → MT(주변압기 3차측 (AC1,770V)) → AF(보조회로휴즈) → ADCm(교직전환 스위치) → IVF(인버터 휴즈) → SIV(보조전원장치) → CM(공기압축기전동기)

교류구간 - 보조전원회로

(나) 주변압기 보조장치(MTBM, MTOM)

● MCB → ADCg(AC위치) → MT4차측(AC229V) → MTBM, MTOM

(2) 직류구간

(가) SIV, CM

● ADCg(DC위치) → ADCm(DC위치) → IVF → SIV → CM

2. 4호선 VVVF 특고압 회로   보조회로 전원

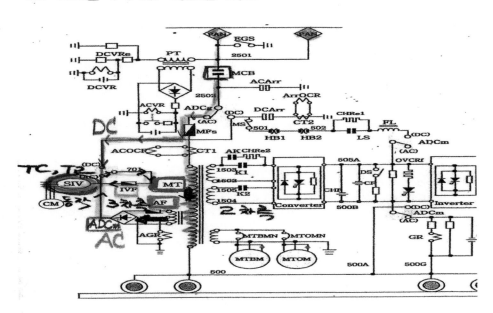

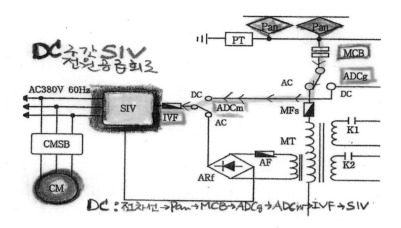

DC 숭간 SIV 전원공급회로

DC : 전차선→Pan→MCB→ADCg→ADCm→IVF→SIV

3. 4호선 VVVF 특고압 제어회로

- 지금까지 우리는 특고압 회로(특고압 전기가 어떤 과정과 경로를 통해 전동기 또는 SIV까지 전달되는가?)를 살펴보았다.
- 이번에는 특고압 제어회로(특고압회로)를 흐르게 하기 위해서는 Pan도 상승시켜야 하고, Pan상승시키려면 공기도 있어야 하고,공기를 만들어 내려면 전원도 있어야 한다.
- 이러한 기기들을 켰다, 껐다 할 수 있는 회로, 즉 특고압 제어회로를 이해하기 위해 자세히 살펴보기로 한다.

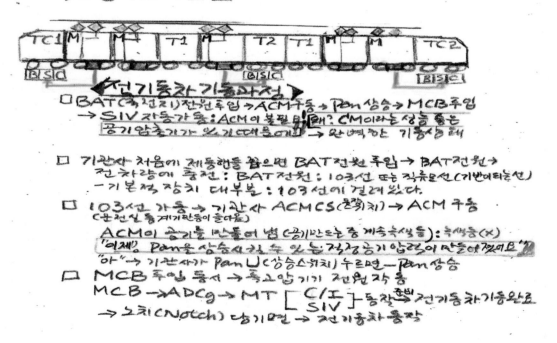

특고압 제어회로

전기동차기동과정

□ BAT(축,건지)전원투입 →ACM구동 → Pan상승→MCB투입
→ SIV작동가능: ACM이 불필요할때? CM이라는 성능좋은
공기압축기가 있기때문에 → 완벽한 기동상태

□ 기관사 처음에 제동핸들 꽂으면 BAT전원투입 → BAT전원→
전차량에 충전: BAT전원: 103선 또는 직류모선(기반아타뒤선)
- 기본적 장치 대부분: 103선에 걸려 있다.

□ 103선 가동 → 기관사 ACMCS(조작치) → ACM 구동
(운전실 통 계기판등이 들어옴)
ACM이 공기를 만들어 넘(공기반드노 중 계속녹색등): 녹색등(X)
"이제" Pan을 상승시킬 수 있는 적정공기압력이 만들어졌어요"
"아" → 기관사가 Pan∪(상승스위치) 누르면 — Pan상승

□ MCB투입 동시 → 특고압기기 전원작동
MCB→ADCg→MT [C/I ↗ SIV]동작 준비 전기동차기동완료
→ 노치(Notch) 당기면 → 전기동차 동작

(1) 개 요

1) 4호선 VVVF 특고압 제어회로란?

– 특고압 제어회로는 전동차의 장착된 축전지로부터 공급되는 직류전원을 공급받아 전동차를 기동하여 전차선으로부터 전원을 수전 받을 수 있도록 하는 회로를 말한다.

2) 4호선 VVVF 특고압 제어회로에는 어떤 것들이 있나? (어떤 것을 배울 것인가?)

① 직류모선 가압회로(103선 가압회로 또는 배터리 전원 투입회로)

② 운전실 선택(HCR, TCR) 여자회로("여기가 전부운전실(제동핸들을 꽂은 쪽이 전부운전실)입니다"를 선택해야 한다.

③ 보조압축기(ACM) 구동회로

④ Pan 상승 및 하강제어회로

⑤ 주차단기(MCB) 제어회로

⑥ 비상접지 스위치(EGS)

예제 다음 중 4호선 VVVF 전기동차의 제동핸들 삽입 시 축전지전압계 현시불능일 때 확인 사항은?

가. 전부 TC1차 BatN2 차단여부

나. 전부 TC1차 BCHN 차단여부

다. 전부 TC1차 VN 차단여부

라. 전부 TC1차 BatKN2 차단여부

해설 4호선 VVVF 전기동차의 제동핸들 삽입 시 축전지전압계 현시불능일 때 확인 사항으로 전부 TC1차 VN 차단여부를 확인한다.

– VN(NFB for "Voltmeter"): 전압계 회로차단기

– BatKN 1, 2(No-Fuse Breaker "BatK"): 축전지 접촉기 회로 차단기 1, 2

– BatN1, 2 (No-Fuse Breaker "Bat"): 축전지 회로 차단기 1,2

(2) 4호선 직류 모선(103선) 가압회로

1) 직류모선의 가압과정

① 1단계: 축전지 전압이 102선에 가압되어 있고, 제동핸들 투입 시 104선이 가압

◗ Bat –101 → BatN1 → 102 → BatKN1 → S2접점 연결(완해-비상) → 104선

② 2단계: 104선이 가압되면 각 차량(TC1, T2, TC2)의 BatK가 여자

◗ 104선 → BatKN2 → BatK → LGS로 BatK가 여자

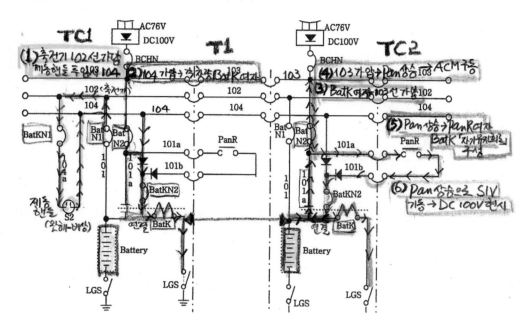

③ 3단계: BatK가 여자되면 BatN2를 거쳐 103선이 가압

◗ 각 Bat(TC1, T2, TC2) → BatK(a) → 101a → BatN2 → 103선 가압

④ 4단계: 103선 가압 → Pan 상승

◗ 103선이 가압되면 축전지 전압계는 약 DC84V를 현시
◗ 103선이 가압되면 축전지 전압으로 ACM구동 → Pan 상승

⑤ 5단계: Pan 상승되면 PanR이 여자되므로 BatK 자기유지회로 구성

◗ 103 → BatN2 → 101a → PanR(a) → 101b → BatKN2 → BatK → LGS

⑥ 6단계: Pan 상승으로 SIV 기동하면 DC100V 현시

◗Pan 상승 → MCB 투입 → SIV 기동 → 축전지 전압계 DC100V 현시

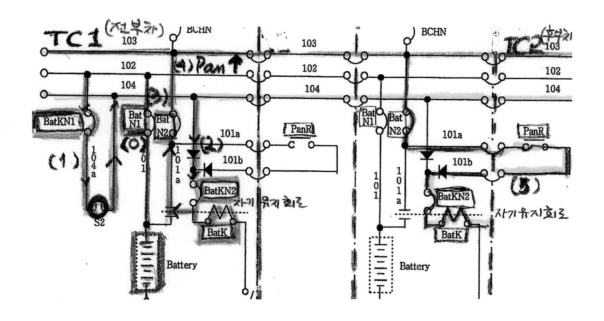

▶ 최초 기동 시에는 핸들을 투입한 상태에서만 104선 가압에 의해 BatK가 여자되지만

• 일단 기동한 후에는 104선이 무가압되어도 PanR연동에 의해 BatK가 여자되므로

• 자동핸들을 뽑아도 103선은 가압을 유지한다.

▶ 축전지 전압계는 103선에 연결되어 있다.

◖ 103 → VN(Voltmeter: 전압계회로차단기) → 축전지전압계 → LGS

예제 다음 중 일정한 압력공기가 형성된 조건에서 주차단기를 투입시키는 역할을 하는 기기는?

가. PanPS   나. BCPS   다. MRPS   라. PBPS

해설 팬터그래프 압력스위치(PanPS)는 일정한 압력공기가 형성된 조건에서 주차단기를 투입하기 위한 기기이다.

- BPS(Brake Pressure Switch): 제동 압력 스위치
- MRPS(Main Reservoir Pressure Switch): 주 공기통 압력스위치
- PAR("PBPS" Aux. Relay): 주차제동 압력 스위치 보조계전기
- PanPS(Pantograph Pressure Switch): 팬터그래프 압력스위치

(3) 4호선 운전실의 선택(HCR, TCR)

1) 운전실 선택회로

① 제동핸들 삽입

◑103선 ⇒ HCRN ⇒S9접점 연결 ⇒ TCR(b)(후부차계전기 소자) ⇒ HCR여자

② HCR여자(a) ⇒ ◑106선 가압 ⇒ 후부TC차 ⇒ HCR(b) ⇒ TCR여자

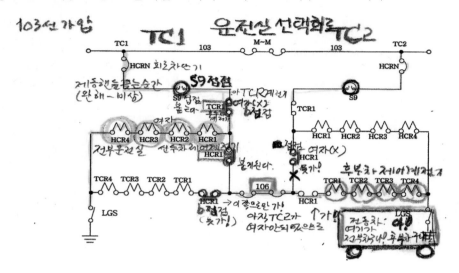

2) 운전실 선택회로의 특징

   − TCR 여자 전원 공급처: 전부 TC차

   − 운전실 선택 후 반대편 운전실에서 제동핸들 삽입해도 무효

   ✔ S9: 제동핸들 투입하는 순간

   ✔ 완해−비상 어떤 상태라도 붙는다.

   　S9: 0(완해)−9(비상)

   고장표시등은 4호선은 CIIL등이 점등, 과천선은 MCB OFF등이 점등된다.

운전실 선택 후 현상

✔ 기관사가 제동핸들을 투입하면?

1. 직류모선 103선 가압

2. 운전실 선택(HCR, TCR)

3. ATS장치에 전원공급으로 ATS알람 벨

4. ADU 전기공급으로 초기화면 현시

5. 출입문이 닫힌 상태에서 DOOR등 점등

---

(4) 4호선 보조공기 압축기(ACM: Auxiliary Compressor Motor)

- 지금까지 103선 가압했고, 운전실 선택까지 했다.
- 그 다음으로 Pan을 올려야 하는데 공기가 필요하다.
- 운전실에 있는 ACMCS를 누른다. → ACM동작 → 시간이 걸린다 → 녹색등이 들어오면 "공기가 다 만들어졌습니다. 기관사가 "아!!! Pan을 상승시켜도 되겠구나"
- Pan상승 스위치를 누르면 → Pan을 상승시키게 된다.
- 공기를 만들어 내기 위해서 보조공기압축기가 있어야 한다.
- ACM은 어느 차에 있나? M차에 있다.
- ACM은 각 M차(객실 의자 밑)마다 1개씩, 10량 편성인 경우 총 5대
- ACMCS는 전후부운전실과 각 M차의 분전함에 1개씩 총 7개

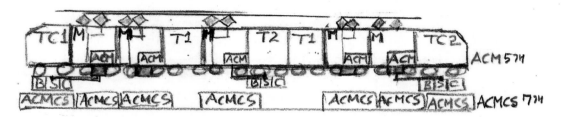

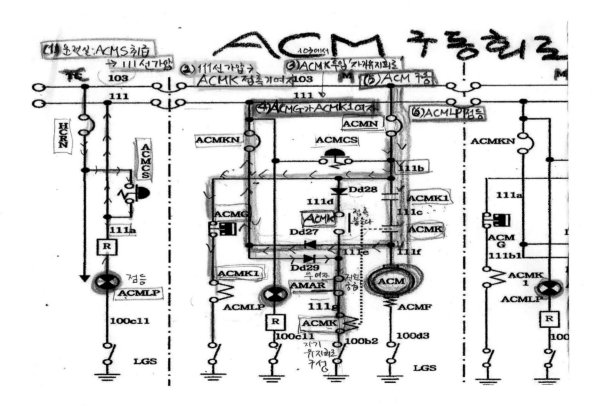

(5) ACM(보조공기압축기)의 기동회로

ACMS는 운전실(TC)과 각 M차 분전함에 설치되어 있어 이들 중 한 곳을 선택 취급하면 전 차량의 ACM은 구동된다. 운전실에서 취급 시 ACM의 전원은 HCRN(차단기)에서 공급받고 배터리 부족 시 M차에서 ACMN(회로차단기)에서 전원을 공급받는다.

▶ 운전실에서 ACMCS(스위치)를 취급하면

(1) 운전실ACMCS를 취급 → 111선 가압된다(ACMLP 점등된다).

◗ 103선 → HCRN → 105 → ACMCS → 111선 가압
◗ 111선 가압 → 각 차량의 ACMLP 점등

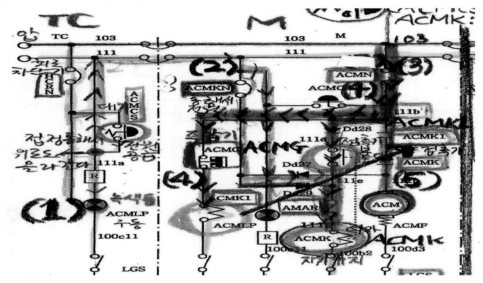

예제　다음 중 4호선 VVVF전기동차에 관한 설명으로 틀린 것은?

가. ACM 의 전동기 출력은 400W이다.

나. BCHN 차단시 직류모선 충전불능이다.

다. ACM의 압축기 정격 회전수는 1,800RPM이다.

라. BatN1 차단시 102선가압 불가능이다.

해설　ACM의 압축기 정격 회전수는 1,700RPM이다.

예제　다음 중 4호선 VVVF전기동차에 대한 설명으로 틀린 것은?

가. ACM 안전변 압력은 9.5KG/㎠이다.

나. ACM공기가 충기되어 있을 때 PanUS 취급 시 Pan은 상승된다.

다. CM 구동 시 MR공기가 ACM 공기관으로 유입되며, 필요 시 ACM 공기도 MR관으로 유입된다.

라. 전 차량 Pan상승 불능 시 ACM 공기의 충기여부를 확인하여야 한다.

해설 ACM: 보조공기 압축기(Auxiliary compressor motor) Pan상승 도와줌.
- CM(공기압축기)
- ACM 안전변 압력은 9.5KG/㎠이다.
- ACMCS스위치를 누르면 M차에 있는 ACM이라는 보조공기압축기가 작동(녹색등깜박이다 멈춤)
  이때 PanUs를 누르면 Pan 상승
- CM구동 시 MR공기는 ACM공기관으로 유입되지 않는다.
- ACM공기 충기 여부 확인(ACM공기가 가득 차야 Pan을 띄울 수 있다)

(2) 접촉기 여자

111선 가압 → ACMK(접촉기) 여자(111선으로 올라간다)

◗111 선 → 각 M차 ACMKN → Dd → AMAR(b:무여자) → ACMK → LGS(저압접지스위치)로 ACMK가 여자

(3) 자기유지회로 구성

ACMK가 여자되면 → ACMK 투입 → 자기유지회로 구성

◗103선 → 각 M차 ACMN(차단기) → Dd → ACMK(a) → AMAR(b:무여자) → ACMK → LGS → 자기유지회로 구성

✔ (AMAR: 보조기기적용계전기) → MCB투입 되면 AMAR을 여자시켜 SIV 기동지령을 하고, ACM기동회로를
차단하기 위한 계전기

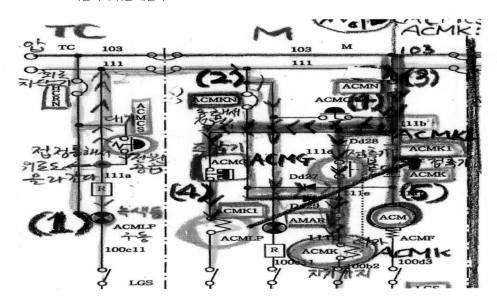

(4) ACMG가 ACMK1여자

◑ M차 103선 → ACMN → 111b → ACMG($6.5Kg/cm^2$ ~ $7.5kg/cm^2$)
 → ACMK1 → LGS = (ACMG 가 ON상태이므로 ACMK1를 여자시킨다)

- ACMG(조압기): 적정공기압이 만들어지면 ACM정지시키고, 안 되면 만들어지게 제어, 현재 공기가 없으니까 당연히 전기가 흐름, 전원공급 가능
- 오른편 옆 수직선상의 ACMK1, ACMK 접촉기가 붙기 때문에 103선에서 바로 내려올 수 있다.
 → 그러면 103선에 ACM이 바로 붙게 된다.
- ACM막 가동하기 시작, 적정공기압력이 차면
 → ACMG가 "ACM 가동을 멈춰라!!"
- ACMK1: 무여자 → 오른쪽의 ACMK1, ACMK 접촉기들이 떨어져 무여자
 → 전원이 살고, ACM은 멈추게 된다.

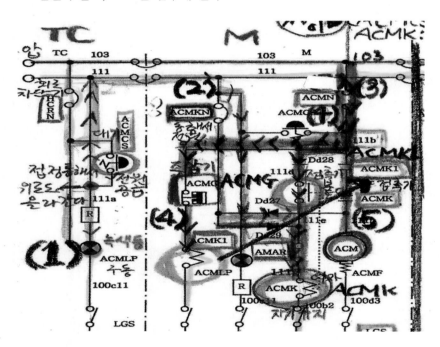

예제   다음 4호선 VVF 전기동차 ACM 공기 공급 장소에 해당하지 않는 것은?

가. ADCm   나. ADCg   다. EGS   **라. 출입문**

4호선 VVF 전기동차의 ACM에서 생성된 압력공기를 공급받아 동작하는 기기는 Pantograph , EGS , ADCm , ADCg 등이 있다.

– 출입문이 ACM공기 공급장소에 해당하지 않는 이유

출입문 제어는 ACM이 아닌 CM에서 제어를 하기 때문이다.

CM: 공기 압축기(공기 압축기가 공기를 공급하는 곳은 제동장치, 출입문제어, 운전제어 등이 있다)

(5) ACM구동

◑ M차 103선 → ACMN → 111b → ACMK1(a) → ACMK(a) → ACM → LGS =(각 M차의 ACM이 동시에 구동)

(6) ACMLP의 점등

각 차의 ◑ M차 103선 → ACMN → 111b → ACMK1(a) → Dd27 → ACMKN → 111으로 올라가면 → 각 차의 ACMLP → LGS =ACMLP의 점등 유지

– M차 객실 의자 밑

■ 보조공기 압축기에 의해 생성된 압력공기가 전달되는 기기는?

압력공기는 ○ Pan ○ EGS ○ ADCg 및 ADCm ○ MCB

– ACM의 기동회로: ACMG가 정압(6.5 − 7.5Kg/㎠)

■ 축전지 전압이 현저히 낮을 때 ACM동작

– "배터리 전원이 얼마 남지 않았다"

"이 상태로는 ACM을 전부 다 동작을 시킬 수가 없어!!"

– 이런 경우에 다른 ACM은 OFF를 시키고, 일부 ACM만 동작을 시키게 된다.

– 그 일부 차량을 어떤 차량을 선택할 것이냐?

– 축전지 전압이 현저히 낮을 때는 1,4,8호 차(SIV공급차)의 ACM 중 1개를 선택하고(ACM 모든 M차에 있다) SIV에 전원을 주는 M차의 Pan이 상승해야 SIV가 동작하게 된다. SIV 가 동작해야 CM이 동작 가능 → 나머지 차량의 ACMN(ACMKN)을 차단시킨 다음 → ACM 한 개만 기동한 후 → Pan을 상승시킨다.

→ Pan이 상승하면 → SIV가 자동기동하고 → CM이 자동구동되어 → MR관에 공기가 충기되므로 → 나머지 차량은 모두 Pan이 올려져서 기동된다.

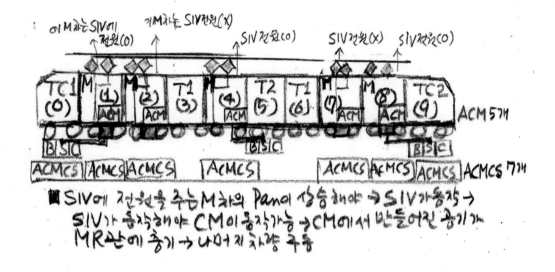

(6) 보조기기 적용계전기(AMAR: Auxiliary Machine Applicable Relay)

- MCB가 투입되면 AMAR이 SIV기동지령, ACM기동회로(ACMK 자기유지회로) 차단
- 이때부터 CM이 ACM을 대체한다.

예제 다음 중 4호선 VVVF 전기동차의 MCB가 투입되면 SIV기동지령을 하고 ACM기동회로를 차단하는 계전기는?

가. MCBR3　　　　**나. AMAR**　　　　다. MCBR2　　　　라. MCBR1

[기동순서]

① 제동핸들 삽입 → 103선 가압(직류모선 가압)

② ACM구동(ACMCS취급) → 최초 기동에 필요한 압력공기 생성

③ Pan상승(PanUS취급) → 전차선 전원 수전(전원표시등 점등 ACV DCV)

④ MCB투입(MCBCS) → 전동차내 전원공급(MCB ON점등)

(7) 4호선 Pantograph 상승 및 하강제어

◆ Pan은 어떻게 상승하나?

- ACMLP소등(기관사가 "아! 일정 압력의 ACM 공기가 충기되었구나!!")

　　→ PanUS취급 → Pan V(전자변)1,2 여자(전자변 역할: 공기 흐름의 통로 확보)

　　→ 압력공기에 의한 Pan상승

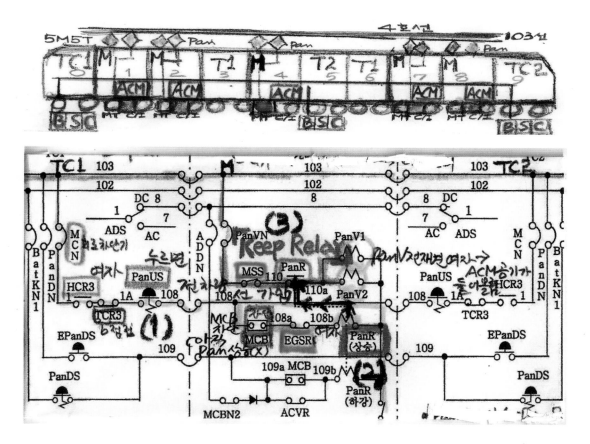

Pantograph 상승 및 하강회로

(8) Pan 상승제어회로

<ACMLP 소등 후 → 운전실에서 PanUS 취급하면>

1) PanR 상승코일이 여자

❍103선 → MCN → HCR(a) → PanUS → 108(각M차) → MCB(b) → EGSR(b) → PanR(상승코일) → LGS로
PanR 상승코일 여자

2) PanV1,2가 여자하여 Pan이 상승

❍각 M차 103 → PanVN → MSS → PanR(a) → PanV1, PanV2 → LGS에 의해 PanV1,2 여자로 각 M차의
Pan 상승

- Pan 상승은 전부 운전실에서만 가능하다.

- MCB가 차단되어 있지 않은 차량의 Pan은 상승하지 못한다.

- EGSR이 동작된 차량은 상승하지 못한다.

– MS(주단로기: Main Disconnecting Switch)가 개방된 차량, 즉 MSS의 스위치 접점이 개방되어 있는 차량의 Pan은 상승하지 못한다.

예제 다음 중 Pan에 관한 설명으로 틀린 것은?

가. Pan은 ACM(보조압축전동기)의 도움으로 상승한다.

나. 교류구간에서 MCB가 차단되어 있지 않은 차량은 Pan이 상승하지 못한다.

다. 직류구간에서 EPanDS를 눌러도 MCB차단 불량인 차량은 Pan이 하강하지 못한다.

라. Pan상승은 전부운전실에서만 가능하고, Pan 하강은 전, 후부 운전실 모두 가능하다.

해설 직류구간에서는 ACVR이 소자되므로 ACVR(b) 연동을 통해 PanR(하강) 릴레이가 여자하여 Pan이 하강한다.

ACM(보조공기압축기)

① CM(공기압축기)는 SIV에서 전기를 받는다. SIV는 Pan이 상승해서 전차선을 통해 전원을 받는다.
  – 그래야 CM공기압축기도 구동할 수 있다. 이에 따라 CM은 필요한 공기를 만들어 낼 수 있는 것이다.
② 그러나 현재는 Pan이 하강되어 있는 상태이어서 전차선 전원을 확보하지 못한 상황이다.
  – 이에 따라 ACM이 등장한다. 전동차 안에 충전되어 있는 배터리 전원(축전지 전원)을 받게 된다. 이렇게 ACM을 통해서 Pan 상승을 시켜주는 역할을 하게 된다.

[4호선 Pan상승불능 시 확인사항]
(1) 4호선 전 차량 Pan상승 불능시의 확인사항
  ① 축전지 전압 정상확인
  ② MCN, HCRN 차단여부 확인
  ③ ACM 공기 충기여부 확인
  ④ 전후부 운전실 EpanDS 동작여부 확인
  ⑤ EGCS 동작여부 확인(AC구간)

<table>
<tr><td>

**4호선 전차량
Pan 상승불능**

</td><td>

〈전차량 Pan상승불능〉
축(축전지)
MC(MCN, HCRN트립)
A(ACM충전)
Epan(EpanDS동작여부)
GS(EGCS동작여부)
〈축하하러 온 MC가 아예 Pan을 GS건설로 만들어 놓았네!〉

</td></tr>
<tr><td>

**4호선 일부차량
Pan 상승불능**

</td><td>

VN(PanVN차단여부)
2번(MCBN2확인)
Cola(Pan Cock 차단여부)
MS(작업여부)
MCB(차단상태확인)
〈베트남 2번 가서 콜라대회 나가서 미스 MCB가 되었네〉

</td></tr>
</table>

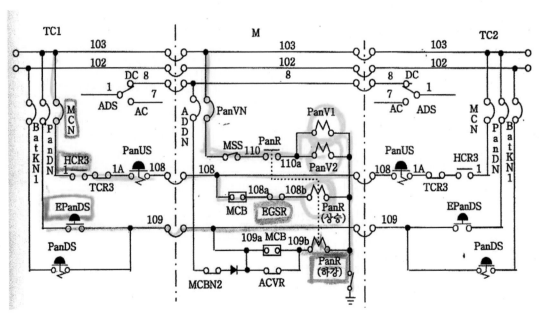

(2) 4호선 일부 차량 Pan 상승 불능 시의 확인 사항

① PanVN 차단확인

② MCBN2 차단확인(DC구간)

③ Pan Cock(공기마개) 차단여부 확인

④ MS(Main Disconnecting Switch: 주단로기) 취급여부 확인(MSS접점)

⑤ MCB 차단상태 확인

■ Pan 상승조건

① 전부 운전실에서만 상승취급 가능 ⇒ HCR여자
② 비상판하강스위치(EpanDS) 정상상태
③ 주차단기 차단상태 ⇒ MCB OFF
④ 교류구간에서 비상접지제어스위치(EGCS) 정상상태 ⇒ EGSR소자
⑤ 주회로개방스위치(MSS) 정상위치
⑥ 직류구간에서 MCBN2 정상(ON)상태
⑦ Pan 상승에 필요한 압축공기 확보
⑧ M차 배전반 PanVN ON, Pan 공기관 Cock 정상 위치

예제 다음 4호선 VVF 전기동차를 직류구간에서 운행 중 일부 차량 팬터그래프 상승 불능 시 확인해야 할 기기가 아닌 것은?

가. MCBN2   나. PanVN
다. MCBN1   라. PAN cock

예제 다음 중 4호선 VVVF전동차의 교류구간에서 MCBN1 트립 시현상 및 조치사항으로 틀린 것은?

가. 1, 4, 8호 차인 경우 해당차량(0, 5, 9호차) SIV정지
나. TGIS화면에 해당 차량 SIV "OFF"표시
다. 교직절연구간 운전 시 MCB 차단 불능으로 해당차량 MCB "OFF"표시
라. 교직절연구간 운전 시는 즉시 EpanDS 취급 조치

해설 교직절연구간 운전 시 MCB 차단 불능으로 해당차량 MCB "ON"표시

예제 다음 중 4호선 VVVF 전기동차의 차량고장 발생으로 VCOS 취급 시 동작하여 해당차량 MCB가 투입되지 못하도록 하는 기기는?

가. MCBOAR2   나. MCBOR1   다. MCBR   라. MCBCOR

(9) 4호선 Pantograph 하강 제어회로

1) 일반적인 Pan하강의 방법

- 현재까지는 Pan이 상승되어 있으므로 PanV1, PanV2가 여자상태이다.
- PanR접점은 Keep Relay로 붙어 있는 상태 → PanV1, PanV2가 여자상태

2) PanDS를 취급

- 배터리에서 오는 102번 선은 항상 가압이 되어 있다.
- 기관사가 BatKN1으로 내려오는 102선에서 PanDS를 취급하면 회로구성되고, 전 차량에 109번 선이 가압된다. 그러면 PanR 하강계전기가 여자된다.

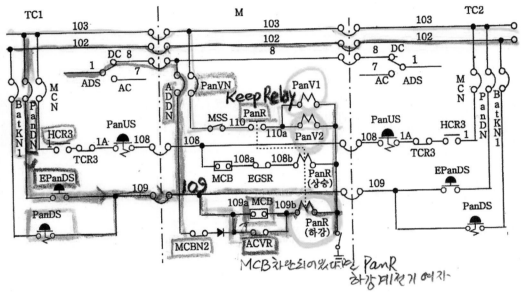

Pantograph 하강 제어회로

4. MCB, ACVR,DCVR과 PanR하강계전기

- MCB가 차단되어 있으면 PanR하강계전기가 여자된다.
- ACVR은 교류구간에서 PT(계기용변압기)를 통해서 AC전원인지 DC전원인지를 확인해 준다(교류구간에서는 ACVR이 여자가 되고, 직류구간에서는 DCVR여자가 된다).
- ACVR이 무여자이면 절연구간 또는 직류구간에 있다는 것의 의미가 된다.
- PanDS를 취급함과 동시에 직류구간에서는 바로 연결이 되면서 PanR하강계전기를 여자 시킨다.

MCBN1: 교류구간에서 MCB차단회로에 관여하는 회로차단기
MCBN2: 직류구간에서 MCB차단회로에 관여하는 회로차단기

(1) Pan하강의 또 하나의 방법(PanDN)

- 103선에서 PanDN을 통해서 EPanDS스위치를 누르면 109번 선이 가압이 되면서 똑같은 과정을 거쳐서 Pan하강이 이루어진다.
- 여기가 직류 구간이라면 ADS(교직절환기)가 8번선을 가압하여 ADDN을 거쳐서 내려온다.

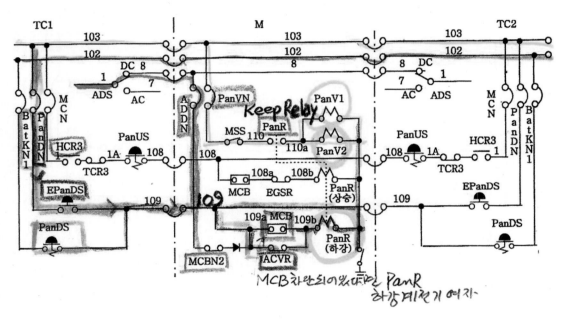

◆ MCBN2

- 직류구간에서 MCB차단회로에 관여하는 회로차단기이므로
- MCBN2가 트립이 되면 MCB를 차단할 수 없게 된다(직류와 MCB와는 관계없다).
- 직류구간에서 MCBN2가 차단이 되면 기관사가 어떤 조치를 취하지 않더라도 Pan이 하강하게 된다.
- 기관사가 운행 중 어떤 차의 MCBN2가 떨어졌다면 그 차는 자동으로 Pan하강하게 된다.

(2) 4호선 Pan 하강 제어회로

1) Pan하강방법

가. PanDS 방법

나. 비상 시 EpanDS 취급하는 방법

다. 직류구간에서는 MCBN2차단으로 해당 차량만 하강 가능

　– 하강은 상승과 달리 전후부 어느 곳에서는 가능하다.

2) PanDS 취급 시 하강회로

◑102선 → BatKN1 → PanDS → 109 → 각 M차 → 109a　MCB　ACVR(b) → 109b → PanR하강코일 →
LGS로 PanR 하강코일 여자

◑103선 → 각M차 PanVN → 110 → MSS(b)
→ PanR(a) → PanV1,2 → LGS회로에서 PanR연동이 차단되어 PanV전자변 소자로 하강

3) EPanDS 취급 시 하강회로

◑103선 → PanDN → EPanDS → 109 → 각M차 MCB, ACVR → 109a → 109b
→ PanR 하강코일 → LGS로 PanR하강코일이 여자되어 → PanDS 취급 시와 같이 → PanV1,2를 소자시켜 Pan
하강

4) 직류구간에서의 MCBN2차단에 의한 하강

　– ADS가 직류위치 즉 8선이 가압된 상태에서 MCBN2가 차단되면

◑8선 → ADDN → 8a → MCBN2(b) → 8f → Dd25 → MCB, ACVR(b)
109b → PanR 하강코일 → LGS 경로 PanR 하강코일이 여자되어 PanV1,2 회로상의 PanR(a)연동차단으로 해당
차량의 Pan은 하강

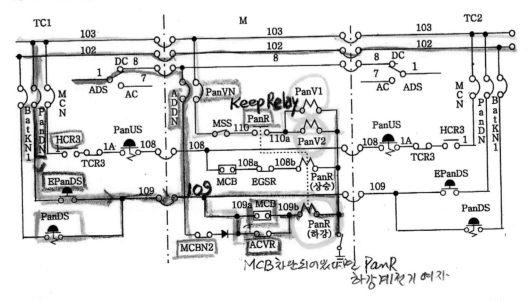

[교직 절환 시 MCB차단불능으로 EpanDS 취급]

1. **직류구간**: 모든 차량의 Pan이 즉시 하강되나

2. **교류구간**: 해당 고장차량의 Pan이 절연구간에 진입해야 Pan 하강(ACVR 소자로)

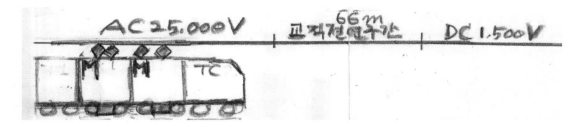

[교직(교류–직류로 넘어갈 때) 절환 시 MCB 차단불능으로 EPanDS 취급하면?]

- 기관사가 ADS(교직절환스위치: AC–DC Change–Over Switch)스위치를 전환하면 제일
  먼저 MCB가 차단된다.

- 25,000V의 고압AC가 DC로 갑자기 들어온다면 DC관련 기기들은 모두 다 망가진다. 그래
  서 MCB가 당연히 차단되어야 한다.

[일부차량에서 MCB 한 대가 차단 불능이 발생되었다.]

- 즉각적으로 EPanDS를 취급해주어야 한다.

[만약에 MCB 한 대가 차단 불능이 발생되어 EPanDS를 누르게 되면?]

- 나머지 정상차량들은 PanR계전기가 여자되어 Pan이 하강이 된다.

- 차단 불능인 MCB 차량은 Pan상승한 채로 그대로 운행된다.
- 왜? 절연구간에서는 ACVR(교류전압계전기: AC Voltage Relay)이 소자되어 있기 때문이다.
- ACVR은 b접점으로 되어 있으므로 절연구간, 또는 직류구간에서 ACVR이 무여자 된다.
- 비로소 PanR하강계전기가 여자 즉, 해당차량의 Pan이 절연구간에 진입해야만 ACVR이 소자되어 Pan이 하강된다.

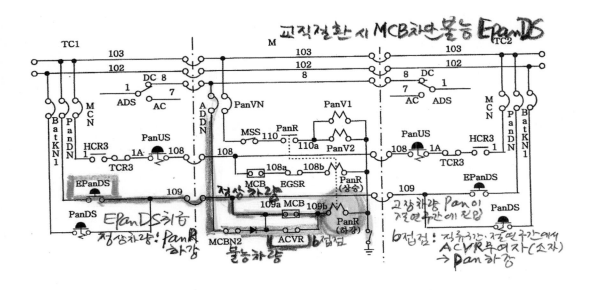

교직절연구간

예제 다음 보기 중 맞는 것은?

가. MCB 투입 후에도 ACMCS를 누르면 ACM이 재차 구동된다.

나. PanUS 취급 시 EGS가 용착된 차량은 Pan상승이 불가능하다.

다. MCB 투입 후 MR공기가 6.5kg/cm 이하로 누설되면 CM과 ACM이 둘 다 구동한다.

라. 최초 제동핸들 투입 시 축전지 전압계는 100V를 현시한다.

예제 다음 중 과천선 VVVF 전기동차의 1개 유니트 Pan 상승 불능 시 확인 사항으로 맞는 것은?

가. 해당차 MCBN1 차단여부   나. 해당차 ADAN 차단여부

다. 해당차 PanVN 차단여부   라. 해당차 CIN 차단여부

해설 과천선 VVVF 전기동차의 1개 유니트 Pan 상승 불능 시 해당차 PanVN 차단여부를 확인한다.

예제 다음 중 과천선 VVVF 전기동차 전체 Pan 상승 불능 시 확인 사항으로 틀린 것은?

가. 직류구간에서 EGCS 동작 여부   나. 전부 운전실 MCN, HCRN 차단 여부

다. MCB차단 및 공기압력 확보 여부   라. 전, 후부 운전실 EPanDS 동작 여부

해설 EGCS는 교류구간에서 전차선 전원을 접지시키는 것으로 직류구간에서는 동작하지 않는다.

(3) 비상접지스위치(EGS :Emergency Ground Switch)

비상접지 스위치(EGS)란? (교류구간에서만 동작)

　　－ 비상 시(전차선 단전이 필요할 때) 취급하는 기기

　　－ 운전 중 전차선이 늘어져 있거나 차량 검수작업 시 취급(안전조치)

　　－ 비상접지 스위치(EGS)를 취급하면 동작하여 전차선을 대지로 접지시키는 기능

　　－ EGCS(운전실 및 M차 배전함 내에 설치) 취급으로 누르면 아래와 같이 동작한다.

◐전차선 ⇒ Pan ⇒ EGS ⇒ 대지(-) 연결로 단전됨
－ AC구간에서 한하여 취급이 유효
－ 전차선 단전 동반되므로 불가피한 경우에 한하여 취급－ 비상접지 스위치(EGS)는 M차 지붕 위에 설치

1) EGS 동작회로

- 운전실에서 EGCS를 취급하면 EGSV 전자변이 여자한다.

❶TC차 103선 → PanDN → 109a → 각 M차 → DCVR(b) → ADCm(AC) → ACVR(a)
EGS(a) → EGSR, EGSV 여자 → LGS로 EGSV 전자변이 여자하면 → EGS실린더에 공기가 유입되어 → EGS가
작동한다.

- 위 회로에서 DCVR(b)연동, ADCm 교류 위치 및 ACVR(a)를 삽입한 이유는 → 교류구간
  에서만 동작하도록 한 것이다.
- EGS(a)연동은 한번 취급하면 단전이 되므로 복귀하기 전까지 동작상태를 유지하기 위하
  여 → 자기유지회로를 삽입한다.

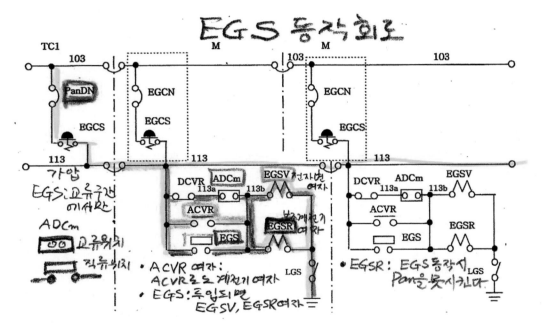

예제　다음 중 비상접지스위치(EGS)에 관한 설명으로 틀린 것은?

가. 전동차 기동 시 EGS 동작된 경우 일부 차량 Pan 상승 불능이다.

나. 공기압력에 의해 교류구간에서만 동작한다.

다. 검수작업 시 전차선을 Pan을 통해 접지시키는 경우 취급한다.

라. 전차선로 장애 발생으로 전차선 전원 차단 시 취급한다.

해설　교류구간에서의 EGS 동작된 경우 전체 Pan 상승 불능이다.

2) EGS복귀 방법

- EGS가 복귀가 안돼!!
- EGS가 복귀가 안 되면 가선 전원을 계속 단전시키기 때문에 Pan도 상승시키지 못하고 MCB도 안 된다.
- TC차의 PanDN차단, 또는 M차의 EGCN차단시킨다.
- EGS 용착(고정극과 이동극에서 엄청난 아크가 발생하여 녹으면서 붙어 버린다)의 경우 해당 M차량 완전 부동 취급해 버린다.
- M차를 깡통차를 만들어 버린다.
- 만약 이 차가 SIV와 인접된 M차(1,4,8호차)이면 필요에 따라 연장 급전해 주어야 한다 (EGS는 SIV에서 전기를 받으므로).

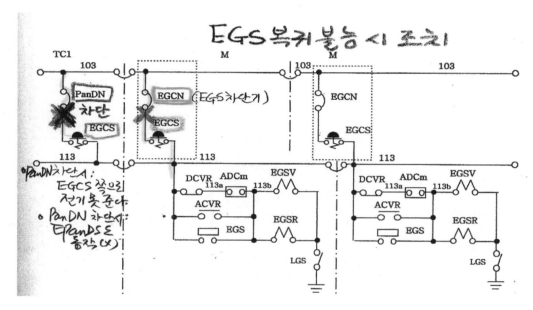

예제 다음 중 운전실내(TC) EGCS 동작 후 복귀 불능 시 조치로 맞는 것은?

가. EGCN 차단

나. PanDN 차단

다. BatKN1 차단

라. ESKN 차단

〈EGS복귀 불능 시〉

- EGS가 복귀가 안돼!! EGS가 복귀가 안 되면 가선 전원을 계속 단전시키기 때문에 Pan도 상승시키지 못하고 MCB도 안 된다.

- TC차의 PanDN차단시킨다.
- 또는 M차의 EGCN차단시킨다.

예제　다음 보기 중 틀린 것은?

가. EGSR은 EGCS를 복귀시키지 않는 한 팬터그래프가 다시 상승되지 않도록 한다.

나. 팬터그래프의 하강스프링은 실린더 내부에 내장되어 있다.

다. PT는 팬터그래프가 상승하고 있는 동안은 항상 통전되어 있다.

라. MCB는 조작공기압력에 의해 투입되고, 전자변(MCB-C)이 소자하면 신속차단 스프링에 의하여 차단된다.

해설　주차단기 투입 전자변(MCB-C)이 여자되면 압력공기는 전자변을 지나 증폭실린더를 거침으로써 전자변을 통한 공기압력보다 증폭되어 작용실린더에 들어가 작용피스톤을 울리면 레버가 상승된다.

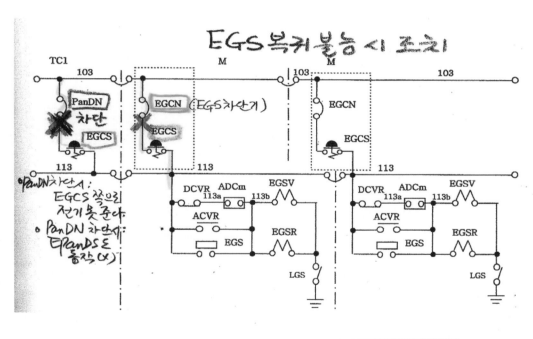

다음 보기 중 틀린 것은?

가. 후부운전실 EGCS 취급 시 모든 M차의 ESGV와 EGSR이 여자한다.

나. EGS가 용착된 차량의 경우 EGCS를 복귀시키면 Pan 상승이 불가능하다.

다. 직류구간에서는 전부 운전실에서 EGCS를 취급하여도 동작하지 않는다.

라. 교류구간에서 EGSR이 동작한 차량은 Pan이 상승하지 않는다.

해설 EGCS를 복귀시키면 팬터그래프(Pan) 상승이 가능하다.

기동과정(중요하므로 복습해 보자)

1. 처음에 기관사가 운전시로 가서 제동 핸들을 꽂으면 배터리 축전기 전압을 통해서 103선이 가압된다.
2. 103선 가압상태에서 ACMCS스위치를 누르면 녹색등이 깜빡 깜빡 들어온다. 녹색등이 멈추게 되면 "아!! Pan을 올릴 수 있게 적정공기압이 되어 있겠구나"
3. 이때 PanUS를 누르면 Pan상승이 된다.
4. Pan상승 후 MCB(주차단기)를 투입한다.
5. 이 전류가 MT(주변압기) 쪽으로 들어간다.
6. MT에서는 주변환기(C/I), 그리고 SIV를 동작시킨다.
7. SIV가 전류를 받으면 SIV가 Bat과 CM을 동작시킨다.

---

(4) 주차단기(MCB: Main Circuit Breaker)

- 직류구간에서 사고차단 기능은 없고 회로의 개폐 역할만 수행
- 직류구간에서의 사고차단은 HB가 담당

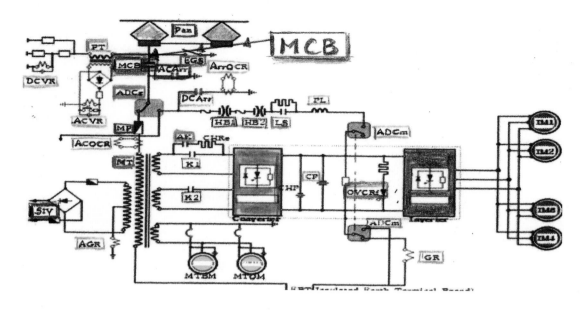

1) MCB는 언제 작동하는가?

  − M차 옥상에 있고, 교류구간 운전 중

  ① 전기기기의 고장

  ② 과대전류

  ③ 이상전압에 의한 장애

  ④ 교류피뢰기 방전 등 이상 발생 시 전차선 전원과 전기동차 간의 회로를 신속히 차단

  − 직류구간에서는 회로차단이 아닌 개폐 역할만 수행

  − 차단: 부하가 걸린 상태에서 차단(교류는 전압이 항상 변하므로 "0"점을 찾아 신속하게 차단이 가능), 직류는 시간에 따라 전압이 일정하므로 신속차단이 안 된다.

  − 직류구간에서는 개폐만한다. 교류에서 MCB역할하는 기기가 직류에서는 "고속도차단기"이다. (개폐: 부하가 다 꺼진 상태에서 열어주고 닫아 주는 역할)

예제　다음 중 주차단기(MCB)에 관한 설명으로 틀린 것은?

가. MT 1차측 이후 전기기기 고장 발생 시 차단된다.

나. MT 1차측 과전류 발생 시 차단된다.

다. 특고압 회로의 개폐 작용을 한다.

라. 직류구간 운행 중 이상전압에 의한 장애 시 신속차단된다.

주차단기(MCB)는 직류구간에서 차단 동작을 할 수 없도록 되어 있다.

예제 다음 중 주차단기 투입 전 확인사항으로 거리가 먼 것은?

가. 전, 후 운전실 내 TEST SW 동작여부 확인

나. MCN, HCRN ON 상태 및 교직절환스위치 정위치 확인

다. 제동핸들 투입 및 전후진제어기 전진 위치 확인

라. 전차선 전원표시등(ACV, DCV) 점등 확인 또는 CIIL등 소등 확인

해설 주차단기 투입 전 확인사항으로 제동핸들투입 및 전진 위치 확인은 무관하다.
- MCN(No-Fuse Breaker "MC"): 주간제어 회로차단기
- HCRN(No-Fuse Breaker "HCR"): 전두차 제어계전기 회로차단기

예제 다음 중 주차단기(MCB)에 관한 설명으로 틀린 것은?

가. 교직구간에서 특고압 전원의 개폐작용을 한다.

나. 교류구간 운전 중 주변압기 1차측 이후 전기기기 고장 시 신속차단한다.

다. 직류구간 운전 중 특고압 전원의 개폐작용을 한다.

라. 교직구간에서 특고압 전원의 사고차단을 한다.

해설 주차단기 MCB(Main Circuit Breaker)
1. MCB는 전차선 전원과 전동차의 주회로를 연결해 주는 역할을 한다.
2. 교류 구간에서는 차단기와 개폐기를 겸한다. – 가
3. 교류 구간 운전 중에 MT(주변압기) 1, 2차측 이후의 고장 발생 시 과전류를 신속하고 안전하게 확실히 차단할 목적으로 설치된 기기이다. – 나
4. 직류 구간에서는 회로 차단이 아닌 개폐역할만 수행(직류구간에서는 차단은 못하고 열고 닫는 기능만 한다) – 직류는 시간에 따라 일정한 전압이 이루어지고 있어서 차단시키지 못한다 – 다
- 계폐: 부하가 다 꺼진 상태에서 열어주고 닫아주는 역할
- 차단: 부하가 걸린 상태에서 차단(교류는 전압이 항상 변하므로 "0"점을 찾아 신속하게 차단 가능)

용어설명

* ArrOCR(Arreater Over Current Relay: 직류모진보조계전기)
* MCBOS(Main Circuit Breaker Open Switch: 주차단기 개방스위치)
* MCBOR(MCB Open Realy: 주차단기개방 계전기)
* MCB-T(Main Circuit Breaker Trip: 주차단기 차단코일)
* MCBHR(Main Circuit Breaker Holding Relay: 주차단기 제어계전기)
* MCBR(Main Circuit Breaker Relay: 주차단기보조계전기)
* ADAN(AC No-Fuse Breaker 'AC-DC')교직절환 교류용 회로차단기
* ADDN(DC No-Fuse Breaker 'AC-DC) 교직절환 직류용 회로차단기
* ACVRTR(AC Voltage Time Relay: 교류전압시한계전기)
* DCVRTR(DC Voltage Time Relay: 교류전압시한계전기)
* MCBCS(MCB Close Switch: 주차단기 투입 스위치)

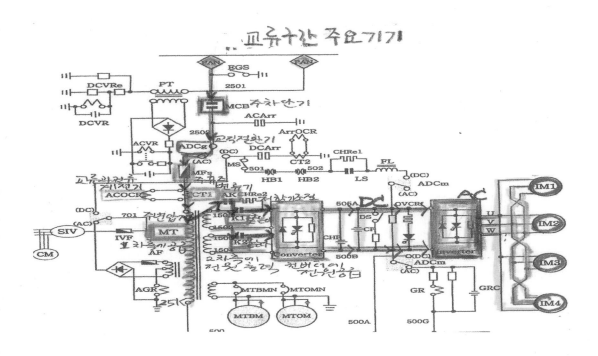

2) MCB 투입조건

① 직류모선(103선) 가압 및 운전실 선택 회로 구성

② 공기압력 확보(ACM 충기)

③ 전차선 전원 공급 및 Pan 상승: CIIL 소등

④ EPanDS 정상위치 및 EGCS 정상위치(AC구간)

⑤ ADS 위치와 전차선 전압 일치

⑥ 관계 차단기 정상: MCN, HCRN, MCBN1,2 ADAN(ADDN), MTOMN

예제 다음 중 MCB 투입조건과 가장 거리가 먼 것은?

가. ACM Lamp 소등

나. CIIL 점등

다. 운전실 선택회로 구성

라. ADS 정위치

해설 MCB 투입 조건: CIIL 소등

예제 다음 중 교류구간에서 주차단기 투입 순간 전차선 단전이 발생하는 경우 동작하는 기기는?

가. DCArr

나. ACArr

다. ADCg

라. EGS

해설 ACArr 동작한 경우 주차단기 투입 순간 재차 전차선 단전 현상이 발생한다.

예제 다음 중 일정한 압력공기가 형성된 조건에서 주차단기를 투입시키는 역할을 하는 기기는?

가. PanPS

나. BCPS

다. MRPS

라. PBPS

해설 팬터그래프 압력스위치인 PanPS는 일정한 압력공기가 형성된 조건에서 주차단기(MCB)를 투입시키는 역할을 하는 기기이다.

MCB 관련 계전기 기능

▷ **MCBR1(Main Circuit Breaker Relay1: 주차단기 보조계전기1)**
  – MCB 투입조건 일부 만족 시 여자되는 MCB 투입용 보조계전기

▷ **MCBR2(Main Circuit Breaker Relay2: 주차단기 보조계전기2)**
  – MCB 재투입 방지용 계전기
  – 전차선 단전 또는 사고차단 후 MCB 재투입을 방지하는 계전기

▷ **MCBCOR(MCB Cut Out Relay: MCB개방계전기)**

▷ **MCBOR(MCB Open Relay: 주차단기 개방계전기)**
  – 사고차단 발생시 차량개방스위치(VCOS) 취급하면 여자
  – 여자 후 해당차량의 MCB 투입을 제한하여 주회로 기기 보호

▷ **MCBOR1,2(MCB Open Relay: 주차단기 개방계전기1, 2)**
  – MCB 사고차단이 발생하였을 때 MCB를 차단하고 MCB 투입 방지

`예제` **다음 중 4호선 VVVF 전기동차의 MCB 투입 후 ACMK 자기유지회로를 차단하는 기기는?**

가. AMAR   나. MCBR2   다. MCBR1   라. ACM-G

`해설` 4호선 VVVF 전기동차 MCB 투입 후 ACMK 자기유지회로를 차단하는 기기는 AMAR
– ACMK(Auxiliary Compressor Motor Contactor): 보조 공기 압축기 접촉기

(가) MCBHR(Main Circuit Breaker Holding Relay)

- MCBHR계전기: 투입코일(S)과 차단코일(R)이 일체로 되어 있어 투입코일(S)이나 차단코일 (R)이 여자된 후에
- 반대쪽의 코일이 여자될 때 까지 접점을 유지하는 Keep Relay(자기유지회로)로 되어 있다.
- Pan상승 후 MCB를 투입하기 위하여 MCBCS를 취급하면 어떻게 될까?
◑ 103 → HCR3(a) → 1a → MCBCS → 1b → MCBHR(S) → 100u5
- MCBHR(S)투입코일이 여자되어
- 1선과 1d선상의 접점이 폐로되어
- ADS 위치에 따라 7선 또는 8선이 가압준비를 하고
- 1c 선과 1g선 간의 MCBHR연동은 MCBHR(R)차단코일 여자를 위한 회로구성을 준비한다.

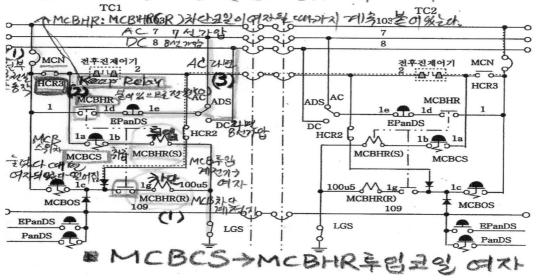

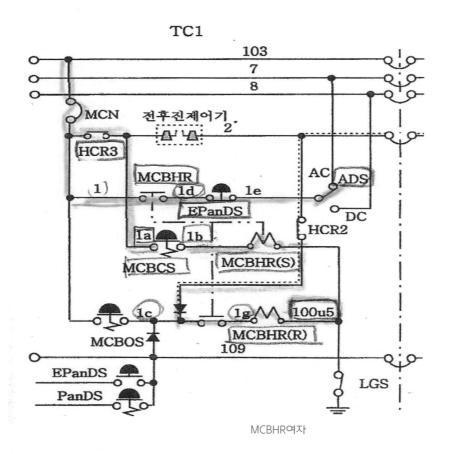

MCBHR여자

(나) ADS및 ADCm여자회로

－ADS를 AC위치로 전환하면

◑TC차 MCN → 1 → MCBHR(a) → 1d → EpanDS(b) → 1e → ADS(AC) → 7 → 각M차 ADAN → 7a →
MCB(b) → 7b → ADCg → 100b5, ADCm(AC) → 100b3 → LGS 로 ADCg 및 ADCm이 AC로 전환된다.

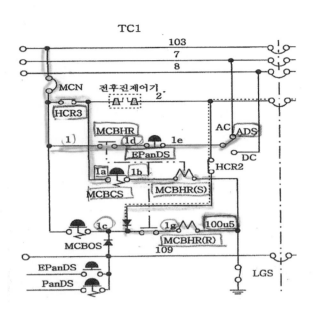

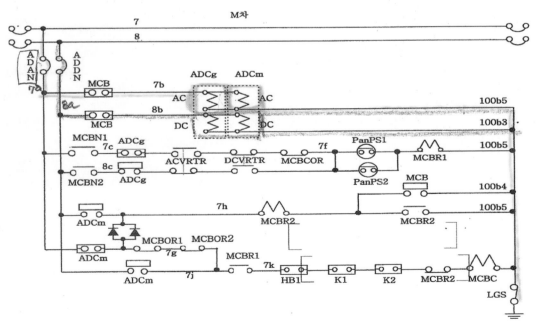

예제 다음 중 4호선 VVVF 전기동차가 직류구간에서 인버터접촉기계전기(IVKR)의 접점불량으로 MCB 차단불능 시 무 가압 구간에서 MCB가 차단되도록 하는 기기는?

가. HB2   나. ADCm   **다. DCVRTR**   라. MCBN2

해설 DCVRTR(직류전압 시한계전기): 인버터접촉기계전기(IVKR)의 접점불량으로 MCB(주차단기) 차단불능 시 무가압 구간에서 MCB를 차단시킨다.

(다) MCBR1(MCB제1계전기)여자 회로:

〈ADCg 및 ADCm이 AC또는 DC위치로 전환되고 나면 〉

(1) AC위치:

●7선(교류) → ADAN → MCBN1(a) → ADCg(AC)) → ACVRTR(a) → DCVRTR(b) → MCBCOR(b:차단 못하게) → PanPS1,2(병열:4.2-4.7kg/cm²) → MCBR1 → LGS로 MCBR1여자된다.

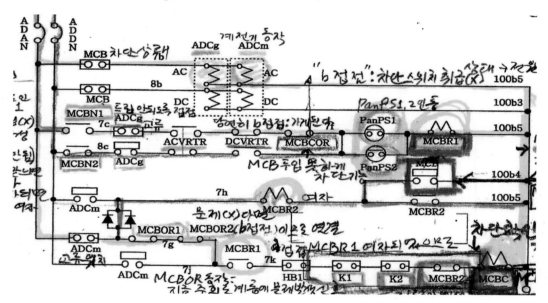

교류구간MCB투입(전원투입)회로

– MCBC코일을 무여자시키면서 공기를 신속하게 배출하는 과정

1. MCBHR투입코일

2. MCBR(계전기)여자

3. MCBC투입 코일

   – 공기를 이용해서 MCB를 투입하는데,

   – 공기를 빠르게 빼주어야 차단이 신속하게 진행

4. MCBR2(계전기):

   – 공기를 신속히 빼주는(차단) 역할을 하는 계전기가 MCBR2이다.

   – MCBR2가 여자(b접점이 떨어진다)됨으로써 → MCB-C코일을 무여자시킨다.

5. MCBC코일을 무여자시키면서 공기를 신속하게 배출시켜 버린다.

* MCBR2의 역할: MCBC코일이 여자가 되고 나서, 공기가 투입이 되어서 MCB(주차단기)가 붙어버리면(동시에)
   MCBR2가 여자되어서 → MCBC코일을 무여자시키면서 공기를 빼버린다.

* MCB-C코일(MCB Close Coil): 투입코일(전원투입)

(라) MCB-C코일의 여자

[MCBR2의 역할]

   1. MCBC(MCB-C)코일이 여자가 되고 나서,

   2. 공기가 투입이 되어서 MCB(주차단기)가 전차선에 붙어 버리면(전원이 연결되면)

   3. 동시에 MCBR2가 여자되어서

   4. MCB-C코일(투입)을 무여자시키면서 공기를 빼버려 작용피스톤을 하강해 놓아

   5. 다음의 차단작용을 신속하게 할 수 있도록 한다.

MCBR2의 역할

1. MCBC(MCB-C)코일이 여자가(전원연결) 된 후,

2. 공기가 투입이 되어서 MCB(주차단기)가 전차선에 붙어버리면(동시에)

3. MCBR2가 여자되어서

4. MCBC코일을 무여자시키면서 공기를 빼버린다.

(마) MCBR2의 여자

– MCB 사고차단 시 자동재투입 방지용이다

[MCBOR1,2: MCB Open Relay 주회로차단기 개방계전기(사고차단 시 동작)]

Ex) ACOCR(교류과전류계전기)에 문제가 생길 경우 자동의 MCB차단 기능

* HR: 직류고속도 차단기(동력 운전 시 투입)

* K1,2: 직류접촉기(MT 2차측, 동력운전 시 투입)

[MCB-C를 통한 공기압력에 따른 접촉 후 분리, MCB-T에 의한 공기 제거 과정]

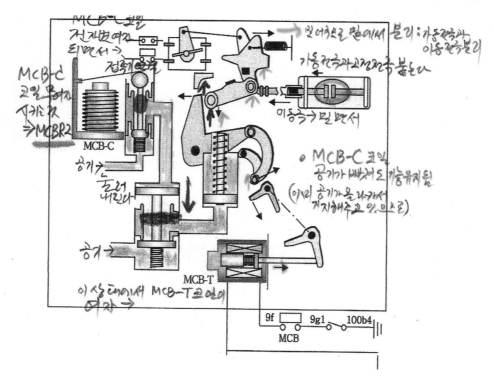

MCB 관련 계전기 기능

▷ **MCBR1(Main Circuit Breaker Relay1: 주차단기 보조계전기1)**
　– MCB 투입조건 일부 만족 시 여자되는 MCB 투입용 보조계전기

▷ **MCBR2(Main Circuit Breaker Relay2: 주차단기 보조계전기2)**
　– MCB 재투입 방지용 계전기
　– 전차선 단전 또는 사고차단 후 MCB 재투입을 방지하는 계전기

〈I. Reset불능 시〉

▷ **MCBCOR(MCB Cut Out Relay): MCB개방계전기**
　– Reset불능 시, 고장 2회 이상 발생시 VCOS취급하면 고장 차량 완전개방

〈II. 사고 발생 시〉

▷ **MCBOR(MCB Open Relay: 주차단기 개방계전기)**
　– 사고차단 발생시 차량개방스위치(VCOS) 취급하면 여자
　– 여자 후 해당 차량의 MCB 투입을 제한하여 주회로 기기 보호

▷ **MCBOR1(MCB Open Relay: 주차단기 개방계전기1)**
　– 컨버터에 2500A 이상 과전류 시 GCU에 의하여 MCBOR이 동작되고 MCBOR1이 여자

▷ **MCBOR2(MCB Open Relay: 주차단기 개방계전기2)**
　– ACOCR, MTOMR, GR, AGR, ArrOCR 여자시 및 AFR 소자시에 MCBOR2가 여자

▷**MCB – T 코일(MCB Trip Coil): MCB차단코일**

MCB차단회로

1. MCB정상차단

(1) MCBOS취급시: MCBHR차단코일 여자로 MCBR1무여자

(2) EpanDS, PanDS: 109선 가압에 의한 MCBHR차단코일 여자로 MCBR1무여자

(3) ADS절환 시: 7,8선 무가압으로 MCBR1 무여자

(4) ADAN, ADDN차단 시: 해당차량의 MCBR1 무여자

2. MCB 사고차단

– MCBOR 2 관련하여 총 6개 종류

ACOCR, GR, AGR, AFR, MTOMR, ArrOCR

〈MCB → 사고차단 조건〉

MCBOR 1: Converter 2500A 과전류 (1개의 조건)

MCBOR 2: ACOCR, MTOMR, GR, AGR, ArrOCR 여자시, AFR 소자시

3. Reset 취급으로 복귀가능한 계전기: ACOCR, GR, AGR

3) MCB 차단 회로

(가) 정상차단

- MCBOS취급 시: MCBHR차단코일여자로 MCBR1 소자

- EPanDS. PanDS: 109선 가압에 의한 MCBHR차단코일 여자로 MCBR1 소자

- ADS절환 시: 7, 8선 무가압으로 MCBR1 소자

- ADAN, ADDN 차단 시: 해당 차량의 MCBR1 소자

- 전차선 단전 시: ACVRTR, DCVRTR 소자로 MCBR1 소자

- PANPS1,2 압상력 부족시: PANPS1,2(4.2kg/㎠ 이하)소자로 MCBR1 소자

※ 전차선 단전 시나 PanPS 소자시에는 MCBR2는 여자되어 있으므로, MCB 재투입 시에는 MCBOS 취급 후 MCBCS를 취급하여야 한다.

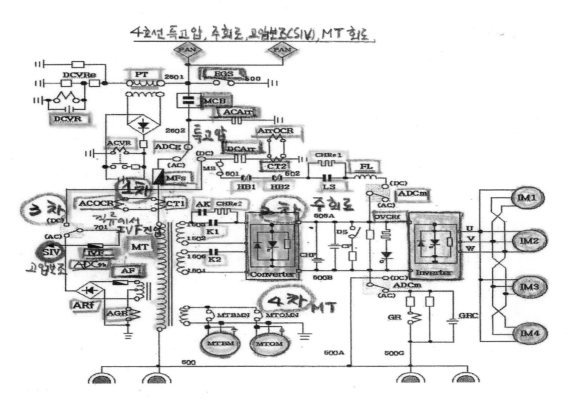

4호선 특고압, 주회로, 모양#3(SIV), MT 회로

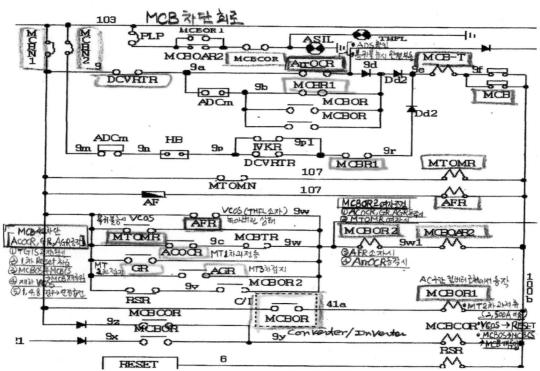

MCB 차단 회로

(나) MCB 사고차단

① MCBOR1: Convertor에 2500A 이상 과전류 시 GCU에 의하여 MCBOR이 동작되고 MCBOR연동으로 MCBOR1이 여자된다.

② MCBOR2: ACOCR, MTOMR, GR, AGR, ArrOCR 여자시, AFR 소자시 MCBOR2가 여자된다.

예제 다음 중 4호선 VVVF 전기동차의 MCB 사고 차단 조건에 해당하지 않는 것은?

가. MCBOR2 여자시   나. ArrOCR 여자시

다. MCBOR1 여자시   라. PanPS 소자시

4호선 MCB 사고차단 조건

(1) MCBOR1 여자시: 컨버터(Converter)에서 2,500A 이상 과전류 시 GCU에 의하여 MCBOR이 동작되고 MCBOR 연동으로 MCBOR1이 여자된다.

(2) MCBOR2 여자시: ACOCR, MTOMR, GR, AGR, ArrOCR 여자시, AFR 소자시

예제 다음 중 4호선 VVVF 전기동차 MCB사고차단 중 MCBOR1이 여자되는 경우로 맞는것은?

가. 컨버터 과전류 발생 시   나. 전차선 과전류 발생 시

다. MT 과전류 발생 시   라. SIV 과전류 발생 시

예제 다음 중 4호선 VVVF 전기동차의 MCB 사고차단 조건이 아닌 것은?

가. MCBOR2 여자시   나. MCBOR1 여자시

다. 가선 단전 시   라. GR 동작 시

(1) ACOCR동작 시: 주변압기 1차측에 120A 이상의 과전류 시 CT1의 1차측에서 20:1로 변류하여 2차측에 6A 이상 되면 ACOCR이 동작하여 MCBOR2의 여자로 MCB사고 차단한다.

– ACOCR 동작 시 MCBTR연동을 삽입한 이유는 다음과 같은 경우에 순간 돌입전류(Surge)로 ACOCR이 동작하여도 MCBTR이 0.5초 동안 여자가 유지되어 MCB를 차단하지 않도록 한다.

㉮ MCB 투입 시 ㉯ 순간 단전 후 급전 시 ㉰ 교–교 절연구간 통과 시

예제 다음 중 교류구간 운행 중 MCB 재투입하기 위하여 MCBOS를 반드시 취급하여야 하는 경우는?

가. MCN 차단 후 복귀 시   나. HCRN 차단 후 복귀 시

다. ADS 절환 시   라. ACOCR 1차 동작 시

(2) MTOMR여자시

- MTOMR은 평상시 소자 되어 있고 MTOMN이 차단으로 MTOM(Main Transformer Oil Motor Pump)이 구동 정지되면 주 변압기가 과열되므로 이를 방지하기 위해 MTOMR 여자시켜 MCB를 사고 차단한다.

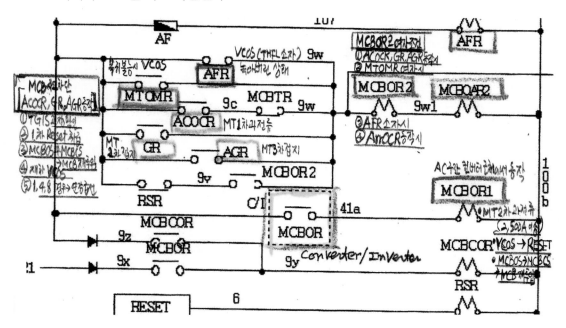

예제 다음 중 4호선 VVVF 전기동차로 교류를 수전 받아 운행할 때 MT 4차측 과전류 검지 시 동작하여 MCB를 차단하는 것은

가. AFR   나. MTOMR   다. ACOCR   라. MCBOR

(3) AFR(Auxiliary Fuse Relay: 보조휴즈계전기) 소자시

- MT3차측 SIV입력용 Auxiliary Fuse(AF)가 용손되면 AFR이 소자되어 MCBOR2여자로 MCB를 사고차단한다.
- A1선과 A2선간의 AFR(a)연동이 개로 되어 SIV기동 지령 차단으로 SIV도 정지된다.

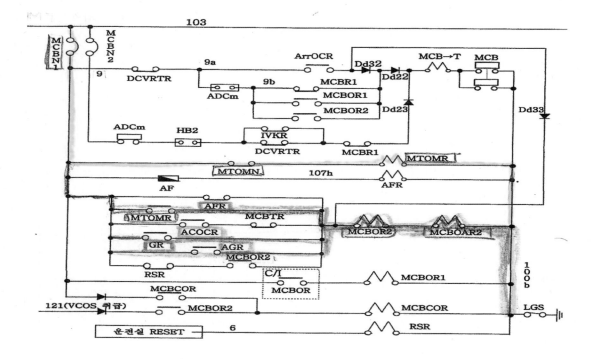

예제 다음 중 4호선 VVVF 전기동차 교류구간 운행 중 MCB가 사고차단된 경우 운전실의 RESET 스위치 취급으로 복귀가 불가능한 것은?

가. MCBOR1 동작 시   나. GR 동작 시

다. ArrOCR 동작 시   **라. AFR 동작 시**

해설 ACOCR, GR, AGR 동작시는 1차까지 운전실의 RESET 스위치 취급으로 복귀가 가능하며 MTOMR 여자시, AF 용손으로 AFR 소자시 운전실의 RESET 스위치 취급으로 복귀가 불가능하고 AF 교환하거나 MTOMN을 수동으로 복귀하여야 한다.
− AFR: 보조 휴즈 계전기 −AGR: 보조 발전 계전기

예제 다음 중 4호선 VVVF 전기동차로 교류를 수전 받아 운행 중 MT 3차측 과전류 검지 시 동작하여 MCB 차단하는 것은?

가. MCBOR   나. MTOMR   다. ACOCR   **라. AFR**

예제 다음 중 4호선 VVVF 전기동차 MCB 사고차단 발생 조건이 아닌 것은?

가. AGR 여자시   나. MTOMR 여자시

다. AFR 여자시   라. GR 여자시

(4) GR(Ground Relay: 접지계전기) 여자시

− C/I CASE외부에 단자를 설치 누설 전압 검지 시 GR이 동작되어 MCB를 사고차단한다.

예제 다음 중 4호선 VVVF 전기동차를 MCB 사고차단 중 C/I CASE 외부 단자 누설 전압 발생 시 동작하는 기기로 맞는 것은?

가. GR   나. ACOCR   다. ArrOCR   라. AGR

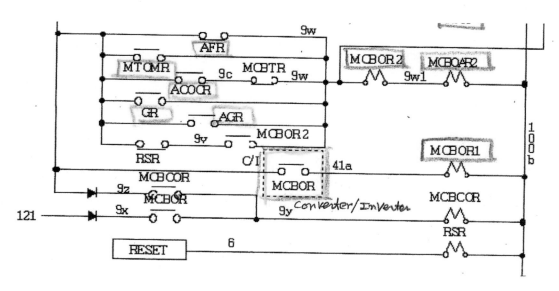

(5) AGR(Auxiliary Generator Relay: 보조발전기 계전기) 여자시

− 주변압기 3차 권선 중간 탭과 차체 사이에 연결 누설 전류 검지하여 MCBOR2를 여자하여 MCB를 사고차단한다.

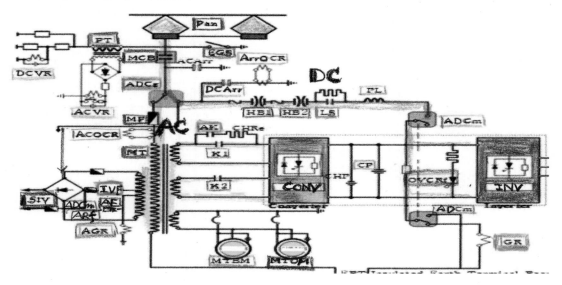

예제 다음 중 4호선 VVVF 전기동차 MCB 사고차단 시 MT 3차 측에 누설전류가 흐를 때 동작하는 것은?

가. AGR

나. GR (접지계전기)

다. ACOCR (교류과전류 계전기)

라. ArrOCR (피뢰기 과전류 계전기)

해설 AGR(Auxiliary Generator Relay: 보조발전기 계전기) 여자 시 주변압기 3차 권선 중간 탭과 자체 사이의 연결 누설 전기 검지하여 MCBOR2를 여자하여 MCB를 사고차단한다.

(6) ArrOCR((Arrester Over Current Relay: 직류모진 보조계전기) 동작 시

— 고장이나

— 실념(잊어 먹다, 실수해서)으로

— ADS전환되지 않을 때

— MCB-T코일이 여자하여 MCB사고차단한다.

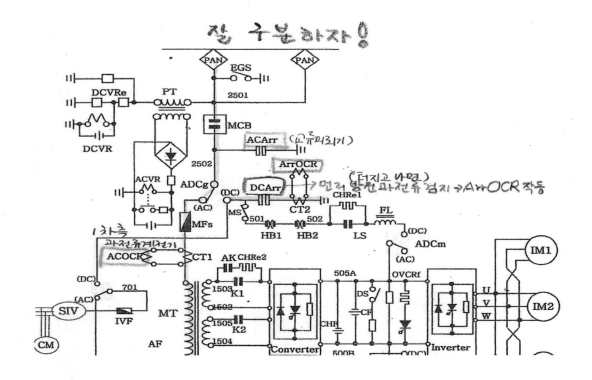

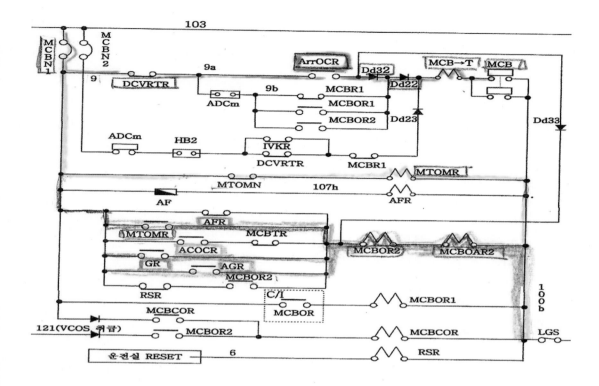

예제 다음 중 4호선 VVVF전기동차의 MCB 사고차단 조건에 해당하지 않는 것은?

가. MCBOR2 여자시

나. ArrOCR 여자시

다. MCBOR1 여자시

라. PanPS 소자시

해설 4호선 VVVF전기동차의 MCB 사고차단 조건

① MCBOR1: 컨버터에 2500A 이상 과전류

② MCBOR2: ACOCR, MTOMR, GR, AGR, ArrOCR 여자시, AFR 소자시 MCBOR2 여자

예제 다음 중 4호선 VVVF 전기동차의 MCB 사고차단 조건에 해당하지 않는 것은?

가. AFR 여자시

나. MTOMR 여자시

다. GR 여자시

라. ArrOCR 여자시

해설 AFR 소자시에 MCB가 사고차단한다.

다음 중 4호선 VVVF 전기동차의 MCB 사고차단 조건이 아닌 것은?

가. MCBOR2 여자시   나. MCBOR1 여자시

다. 가선 단전 시   라. GR 동작 시

MCB 사고차단과 가선단전은 아무런 관련이 없다.

MCB 사고 차단
- **MCBOR 1: Converter 2500A 과전류 1개**
- **MCBOR 2(AGA-MTAR6) 총 6개 ACOCR, GR, AGR, AFR, MTOMR, ArrOCR**
- **RESET 가능(AGA): ACOCR, GR, AGR**

— 직교(DC → AC)절연구간 진입 중 ADS자동전환장치 고장이나 실념으로 ADS를 전환되지 않아도 절연구간에 진입하게 되면 DCVRTR연동의 개방으로 MCBR1이 소자되어 MCB는 차단된다.

— 그러나 DCVRTR연동접점 불량 시 MCBR1이 소자되지 않으므로 MCB는 차단되지 않는다.

— 이와 같이 ADCg가 DC위치로 된 상태에서 AC25,000V가 수전되면 DCArr의 방전으로 CT2 1차측이 검지하고 2차측 ArrOCR의 여자로 MCB가 차단된다. 이와 동시에 9g1선이 가압 MCBOR2와 MCBOAR2가 여자하여 고장 표시등이 점등된다.

— 그러므로 절연구간 진입 시는 ADS의 전환여부를 확인하고 TGIS의 화면을 주시하여 한 개의 MCB라도 차단되지 않으면 즉시 EPanDS를 취급하여 교류 모진 사고가 발생되지 않도록 해야 한다.

※ MCB가 기계적인 고장으로 고착 시는 ArrOCR이 동작하여 MCB-T코일이 여자되어도 고착된 MCB는 차단하지 못하고 DCArr방전으로 변전소의 HSCB가 차단되어 가선이 단전된다.

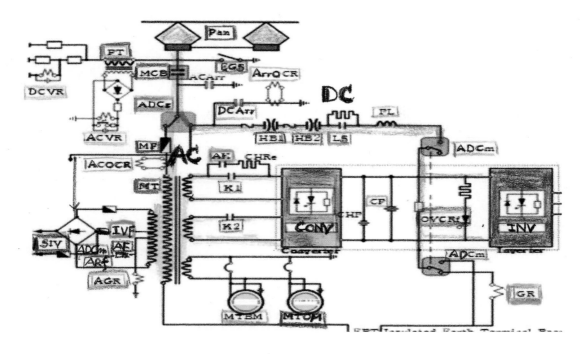

다음 중 4호선 VVVF 전기동차의 VCOS 취급 시 현상이 아닌 것은?

가. MCBCOR 여자

나. THFL 소등

다. MCBOR1 여자

라. VCOL 점등

해설 MCBOR1: 컨버터에 2500A 이상 과전류 시 GCU에 의하여 MCBOR이 동작되고 MCBOR 연동으로 MCBOR이 여자된다.
- VCOS(Vehicle Cut-Out Switch): 고장차량 차단스위치
- MCBOR(MCB Open Relay): 주차단기 개방 계전기

예제 다음 중 4호선 VVVF 전동차의 MCB 고장으로 교류모진시 나타나는 현상과 가장 거리가 먼 것은?

가. 운전실에 CIIL가 점등된다.

나. 고장차량 외 다른 모든 차량의 MCB가 차단된다.

다. MCBOR1 동작으로 THFL 및 ASILP가 점등된다.

라. 고장차량의 DCArr 방전으로 ArrOCR가 동작한다.

(다) MCB 개방(차량차단 스위치(VCOS)의 취급)

① 교류구간 운행 중 MCB 사고차단 후

② 복귀불능 시 해당차량의 MCB를 개방하고 재투입을 방지하는 것을 목적으로 한다.

[MCB개방(차량차단 스위치(VCOS)의 취급)]

- 차량고장이 발생하여 변발고장을 유발할 것 같을 때 → 차량차단 스위치인 VCOS취급

- 교류구간 운행 중 MCB 사고 차단 후 복귀 불능 시 해당 차량의 MCB를 개방하고 재투입 방지

1) ACOCR, GR, AGR동작(MCBOR2를 여자시키는) 1차 동작 → Reset취급으로 복귀 가능(한 번만 동작을 했다면 MCB를 재투입 가능)

- AFR 동작 → AF(보조휴즈) 교환(교환해 주어야 한다)

- MTOMR 여자 → MTOMN 수동 복귀(MTOMN이라는 회로차단기가 차단되었을 때 MTOMR여자)

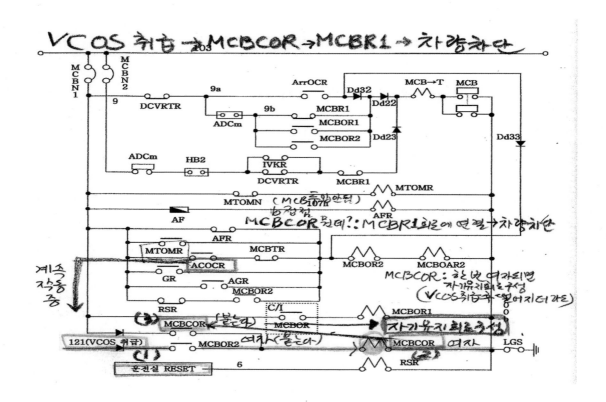

2) ACOCR, GR, ACR이 재차 작동하거나(2차 동작을 계속하는 거야!)

　AF, MTOMN 올렸는데 계속 떨어져 복귀가 안돼!

　복귀 불능 시 VCOS(고장차량차단스위치)를 취급으로 차량 차단

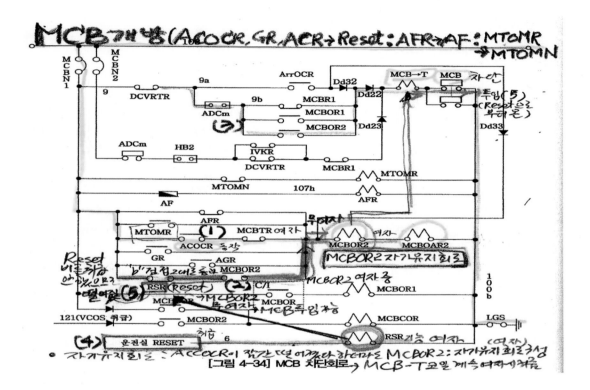

[그림 4-34] MCB 차단회로

3) VCOS 복귀 후 MCB 재투입(기지에서 고장수리 완료된 후)

(1) 재기동

　→ 103선 무가압

(2) MCBN1 리셋(Reset)

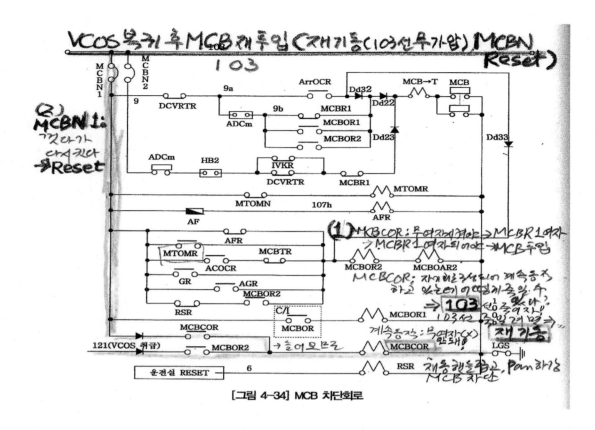

[그림 4-34] MCB 차단회로

예제　다음 중 4호선 VVVF 전기동차의 VCOS 취급 후 고장원인 소멸로 MCB를 재투입하기 위하여
취급하는 것은?

가. MCBN2　　　나. MCBCS　　　다. RESET　　　**라. MCBN1**

〈MCBOR2여자의 경우〉

① ACOCR, GR, AGR동작 시: 1차까지 운전실 제어대 RESET SW취급으로 복귀가 가능

② AFR무여자(소자시)시와 MTOMR여자시: AF무자시와 MTOM복귀 불능 시 RESET는 불
가능하다.

− ACOCR, GR, ACR이 재차 동작하거나 AF, MTOMN복귀 불능 시 VCOS를 취급하면

− TC차 103 → PLPN → 130 → HCR1(a) → VCOS → 121 → M차121 → Dd24 → 9x →
MCBOR2(a) → 9y → MCBCOR → 100b5로 MCBCOR이 여자되고

− 103 → MCBN1 → 9 → MCBCOR(a) → MCBCOR → 100b5의 회로로 자기 유지회로가 구성
된다.

- 일단 자기유지회로가 구성된 다음에는 Reset SW를 취급하여 MCBOR2를 소자시켜도 MCBR1 여자선상의 MCBCOR연동이 개로 되어 있어 해당차 MCB는 투입되지 않고 완전히 개방된다.
- VCOS취급 후 고장원인 소멸로 MCB를 재투입하기 위해서는 기동을 정지하여 103선을 무가 압시키거나 해당 차 MCBN1을 차단 후 복귀하여야 MCBCOR이 소자되어 MCB 재투입이 가능 해진다.

(다) MCB개방(차량차단 스위치(VCOS)의 취급)
  - 교류구간 운행 중 MCB 사고차단 후 복귀불능 시 해당차량의 MCB를 개방하고 재투입을 방지하는 것을 목적으로 한다.

〈MCBOR2여자의 경우〉
  - ACOCR, GR, AGR동작 시: 1차까지 운전실 제어대 RESET SW취급으로 복귀가 가능
  - AFR무여자시(소자시)와 MTOMR여자시: AF무여자 시와 MTOM복귀 불능 시 RESET 는 불가능하다.

MCBOR2: 아가마파르
(AGA-MAFAR)

〈VCOS (Vehicle Cut-Out Switch:차량개방스위치(깡통차))를 취급해야 하는 조건(이유)〉
  - ACOCR, GR, AGR (MCBOR2여자시키는)이 재차 동작하거나 AF, ATOMN 복귀 불능 시 (AF교환해 주어야 한다)

〈VCOS를 취급〉하면
  - MCBCOR여자되고
    자기유지 회로가 구성된다.

〈자기유지회로가 구성된 다음에는〉
  - RESET SW 를 취급하여 MCBOR2무여자시켜도 MCBR1여자선상의 MCBOR 연동이 개 로 되어 있어서 해당차 MCB는 투입되지 않고 완전히 개방된다.

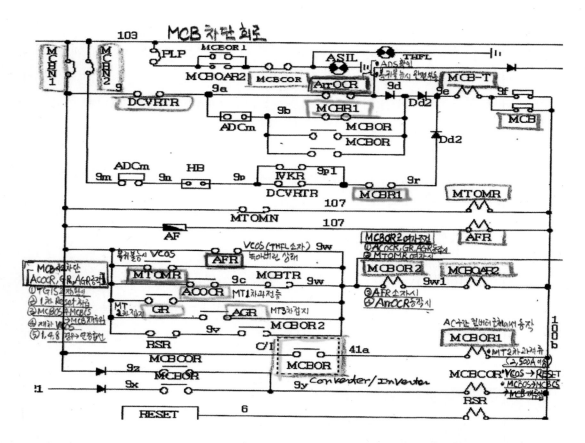

예제 다음 중 4호선 VVVF 전기동차의 VCOS 취급 시 MCBCOR이 여자되는 경우로 틀린 것은?

가. MCBOR 여자시 나. GR 여자시

다. MTOMR 여자시 라. ACOCR 여자시

예제 다음 중 4호선 VVVF 전기동차가 교류구간을 운행 중 MCB 사고차단으로 VCOS 취급 시 MCB 재투입을 방지하는 계전기로 맞는 것은?

가. MCBR2 나. VCOR 다. MCBCOR 라. CCOSR

예제 다음 중 4호선 전기동차를 운행 중 MCB가 차단된 경우 1차 RESET 취급하지 않고 바로 VCOS를 취급 시기로 맞는 것은?

가. MTOMR 동작 시 나. ACOCR 동작 시 다. AGR 동작 시 라. GR 동작 시

〈VCOS(Vehicle Cut-Out Switch)
: 차량개방스위치(깡통차)를 취급해야 하는 조건(이유)〉

① ACOCR, GR, AGR(MCBOR2여자시키는)이 재차 동작하거나

② AF, ATOMN 복귀 불능 시(AF교환해 주어야 한다.)

〈VCOS를 취급〉하면

① MCBCOR여자되고

② 자기유지 회로가 구성된다.

〈자기유지회로가 구성된 다음에는〉

① RESET SW 를 취급하여 MCBOR2무여자시켜도

② MCBR1여자선상의 MCBOR 연동이 개로되어 있어서

③ 해당차 MCB는 투입되지 않고 완전히 개방된다.

MCBOR2 여자조건

① ACOCR, GR, AGR 동작 시

② MTOMR 여자시

③ AFR 소자시

④ ArrOCR 동작 시

[VCOS 를 취급해야 하는 조건(이유)(AGAMAT)]

- ACOCR, GR, AGR (MCBOR2여자시키는)이 재차 동작하거나

- MTOMR여자시

- AF, ATOMN 복귀 불능 시 (AF교환해 주어야 한다)

예제 다음 중 4호선 VVVF전동차의 MCBOR2 여자조건이 아닌 것은?

가. ACOCR, GR, AGR 동작 시

나. OPR 여자시

다. MTOMR 여자시

라. AFR 소자시

해설 OPR은 C/I 고장 시 여자

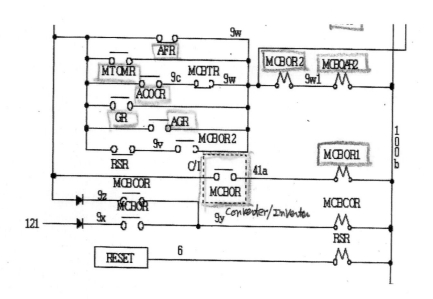

예제 다음 중 4호선 VVVF 전기동차 운행 중 MT 3차 측에 과전류 검지 시 나타나는 현상과 조치로 틀린 것은?

가. AFR 소자로 해당 MCB 차단　　　　나. 1차 RESET 취급

다. AF 교환 불능 시 VCOS 취급　　　　라. MCBOR2 여자

예제 다음 4호선 VVF전기동차의 운행 중 고장발생 시 고장처치 및 현상으로 맞는 것은?

가. MT 3차측 과전류 발생으로 VCOS 취급 상태에서 교직절연구간을 정상적으로 통과하면 직류구간에서도 ASF는 점등을 유지하며 고장차량은 개방된 상태이다.

나. MTOMR동작 시 MTOMN을 복귀하면 THFL과 해당차량 차측등이 소등된다.

다. MCB사고차단으로 VCOS 취급 상태에서 고장원인이 소멸된 경우에는 MCBN1을 차단 후 복귀한 다음 MCB를 재투입하여야 한다.

라. MT 2차측에 과전류 검지시 VCOS를 취급하면 MCBCOR이 동작하여 고장 차량이 개방된다.

해설 MCB 사고차단으로 VCOS취급 상태에서 고장원인이 소멸된 경우에는 MCBN1을 차단 후 복귀하여야 MCBCOR이 소자되어 MCB 재투입이 가능해진다.

1. 과천선 VVVF 전기동차의 차종 및 편성

가. 과천선 VVVF 전기동차의 차종

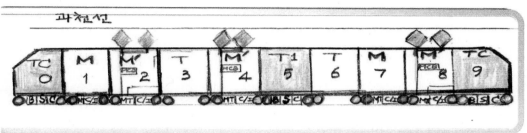

o 10량 편성 : 5M 5T
o Pan, MCB, MT, C/I, TM : 2호차, 4호차, 8호차
o MT, C/I, TM : 1호차, 7호차
o SIV, CM, Battery : 0호차, 5호차, 9호차

차량종류	호칭약호	구조 및 기능
제어차	TC(Train Control Car)	운전실을 구비하여 전기동차를 제어하는 차량
구동차	M(Motor Car)	동력장치를 가진 차량
	M'(Motor Car)	동력장치와 집전장치를 가진 차량
부수차	T(Trailer Car)	부수차량
	T1(Trailer Car)	부수차량
		보조전원장치(SIV), 공기압축기(CM), 축전지 장착

	과천선VVVF차량	4호선 VVVF차량
4호선 VVVF차량	차량의 유니트는 M(4호선), M′(과천선)차로 구성	차량의 유니트는 M(4호선), M′(과천선)차로 구성
Pan과 특고압기기 위치	−M′차에 PAN과 특고압기기 등이 지붕에 설치 −PAN은 M′차에 설치	M차에 PAN과 특고압기기 등이 지붕에 설치
Pan과 특고압기기 위치	M′차가 고장 시 연장 급전	SIV가까이 있는 M차가 연장급전

나. 과천선 VVVF 제어 전기동차의 편성 및 기기배치

10량편성(5M5T): TC − M − M' − T − M' − T1 − T − M − M' - TC

2000	2200	2300	2800	2500	2400	2900	2600	2700	2100
TC	M	M'	T	M'	T1	T	M	M'	TC
SIV	C/I	C/I	ESK	C/I	SIV	ESK	C/I	C/I	SIV
CM									CM
Batt.									Batt.

차종	주요기기	
TC차	주간제어기, 제동제어기, 보조전원장(SIV), 축전지(Bat), 공기압축기(CM), 운전취급관련 스위치,게이지, 표시등, 모니터, 출입문 스위치(CrS), ATC/ATS절환 스위치(ATSCgS), 열차무선전화기, 자동열차정지장치(ATS), 15km스위치, 특수스위치(ASOS), 주차제동스위치(PBS), 비상제동개방스위치(EBCOS), 회생제동개방스위치(ELBCOS), ATS전원 공급스위치,	103선 연결코드, 구원운전스위치(RSOS), 자동열차정지장치 차단스위치((ATSCOS), 자동열차제어장치차단스위치(ATCCOS), 연장급전투입스위치(ESPS), 비상접지제어스위치(EGCS), 출입문 비 연동스위치(DIRS), 출입문바이패스스위치(LSBS), 차장변(EBS), 속도계, 전동기전류계, 축전기 전압계 강제 완해스위치(CPRS), TEST스위치, 고장차량개방스위치(VCOS) 등
M차	주 변환장치(C/I)와 4개의 삼상교류유도전동기 및 필터 리엑터(FL)	주 변환장치(C/I) 4개의 삼상교류유도전동기 및 필터 리엑터
M'차	집전장치(Pan), 주 변압기(MT),	
T1차	보조전원장치(SIV), 공기압축기(CM)	축전기(Bat)
T차	부수차	

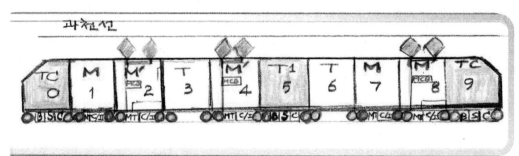

o 10량 편성: 5M5T
o Pan, MCB, MT, C/I, TM: 2호차, 4호차, 8호차
o MT, C/I, TM: 1호차, 7호차
o SIV, CM, Battery: 0호차, 5호차, 9호차

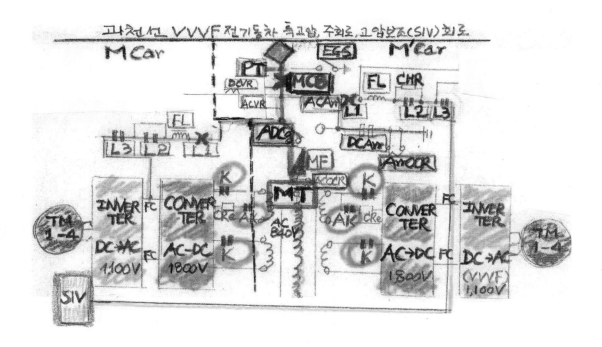

2. 과천선 VVVF 특고압 회로

가. 과천선 VVVF 전기동차 특고압 회로

1) 주회로 전원의 흐름

(가) 교류구간

(1) 역행

◗ 전차선(AC25kV) → 팬터그래프 → 주차단기 → 교직절환기(ADCg)
 → 주변압기(AC 840V×2) → 컨버터 → 인버터 → 견인전동기

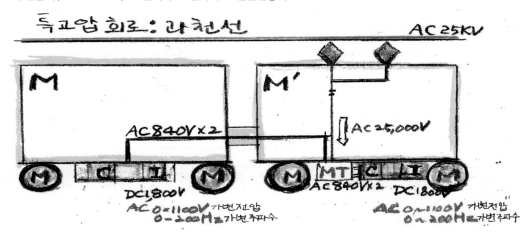

(2) 회생제동

◑ 견인전동기 회생전류 → 인버터 → 컨버터 → 주변압기 → 교직절환기(ADCg) → 주차단기 → 팬터그래프 → 전차선

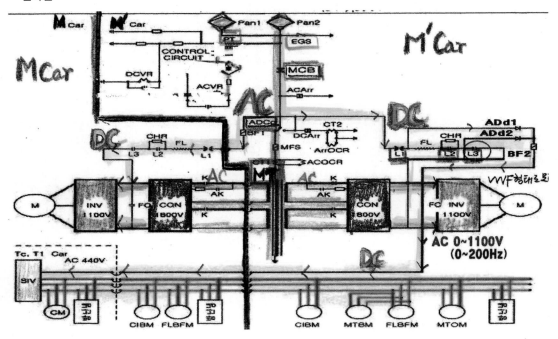

(나) 직류구간

(1) 역행회로(동력운전)

◑전차선(DC1500V) → 팬터그래프 → 주차단기 → 교직절환기(ADCg) → L1, L2, L3, → 인버터 → 견인전동기

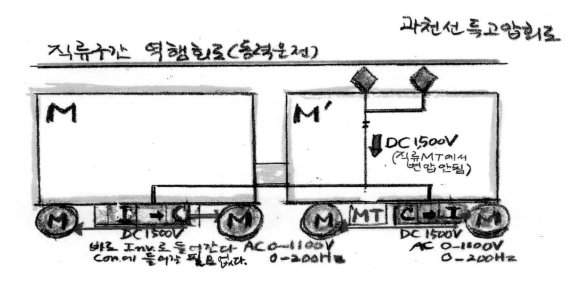

(2) 회생제동

◗ 견인전동기 회생전류 → 인버터 → L3, L2, L1 → 교직절환기(ADCg) → 주차단기 → 팬터그래프 → 전차선

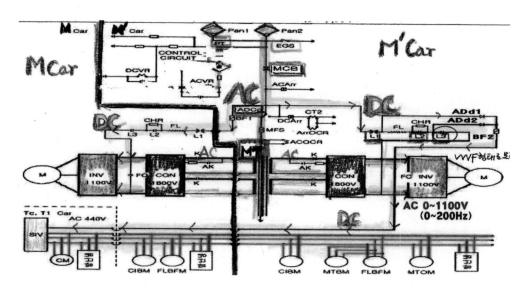

(2) 과천선 보조회로 전원의 흐름

(가) 교류구간

◗ 전차선(AC25kV) → 팬터그래프 → 주차단기 → 교직절환기(ADCg) → 주변압기 2차측(AC 840V x 2) 컨버터
(DC1800V) → L3 → ADd2 → BF2 → SIV → 각종부하 및 보조장치

(나) 직류구간

◗ 전차선(DC1500V) → 팬터그래프 → 주차단기 교직절환기(ADCg) → L1 → ADd1 → BF2 → SIV

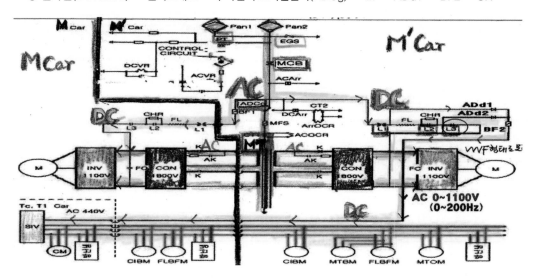

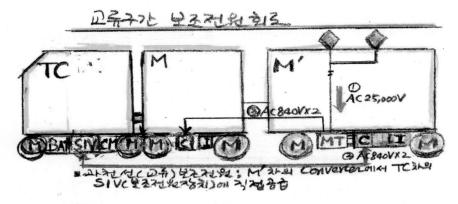

교류구간 보조전원회로

① AC 25,000V

② AC840V×2

② AC840V×2

■ 과천선(교류)보조전원 : M′차의 Converter에서 TC차의
SIVC(보조전원장치)에 직접공급

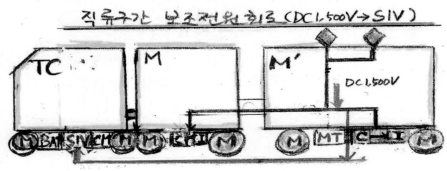

직류구간 보조전원회로 (DC 1,500V → SIV)

DC 1,500V

3. 과천선 특고압 제어회로

가. 개요

- 고압기기는 저압전원으로서 제어되는 간접제어방식 채택

BAT전원투입 → ACM구동 → Pan 상승 → MCB투입 → 전동차 기동

[전동차의 기동 과정]

① 첫 단계: 최초에는 배터리 전원으로 전동차를 기동 → 배터리가 연결되어 최소 전원이 확보

② M′차에 있는 ACM이라는 보조공기압축기가 작동

③ 공기를 지붕 위로 보냄

④ Pan상승

⑤ 전차선 전원을 받을 수 있게 됨

⑥ MCB(주차단기) 투입되면 전원이 내려와서 주회로로 가고

⑦ SIV까지 전원이 전달

⑧ SIV가 작동하면 CM공기압축기가 작동

⑨ SIV가 배터리를 계속적으로 충전

⑩ SIV가 작동되면 난방, 냉방장치가 작동

과천선 VVVF차량의 기동절차

* 전기동차, 어떤 전원도 투입되어 있지 않은 상태에서 → 제동 핸들을 꼽게 되면 전차량의 배터리가 동작 → 운전실 선택과 동시에 직류모선 103선(제어가 되는 선의 중 가장 기본이 되는 선; 4호선 과천선 모두 103선이라고 부름)을 가압

* 운전실에 있는 ACMCS 버튼을 누르면 집전장치가 있는(M′차에만) 보조공기압축기(ACM)에서 공기를 만들어서 → 그 공기의 압력으로 Pan을 상승시킨다. 작동을 하고 있는 중에는 녹색등이 들어오고, 녹색등이 꺼지면 "아! 이제 Pan을 상승시킬 만한 보조공기 압력을 마련했네요."

* PanUS 버튼을 딱 누르게 되면 ACM의 공기압력으로 Pan이 상승하게 된다.

* 기관사가 MCBCS 버튼을 누르면 주변압장치에 전원이 공급된다.

* M′차에 있는 전원을 가지고 M차 주변환기에 전원을 공급해 준다.

* M′에 있는 컨버터를 통해서 SIV에 전원을 공급해 준다. SIV에 전원이 공급되면 그 때부터 공기압축기가 가동이 되고, 냉난방, 객실등이 켜질 수 있게 된다.

* 배터리와 CM에 전원을 공급해 준다.

* 기관사가 역행핸들을 당기면 전동차가 움직인다. 비로소 운전이 가능하게 된다.

나. 과천선 기동(103선 가압)

(1) 직류모선(103선)의 가압(제동제어기 핸들 삽입)

- 기관사가 운전대에서 제동제어기 핸들을 삽입하여 제동위치로 이동하면 각 표시등이 점등되고 ATS경고 벨이 순간적으로 울린다.

- 아래와 같은 3가지 현상으로 103선 가압여부를 판단한다.

(가) ATS의 정상적인 동작상태

(나) 축전지 전원 직류모선(103선)에 가압상태

(다) 전·후 운전실 선택

[제동제어기 핸들 삽입 후 회로의 흐름]

◐ TC, T1차(Bat) → 101 → (BatN1) → 102 → (BatkN1) → 102a → (Brake AW S2) → 104
→ (Dd4) → 104a → (BatkN2) → 104b → (Batk) → 100d2 → LGS

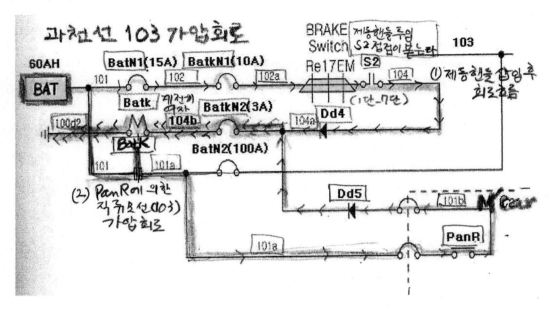

(2) 과천선 팬터그래프 계전기(Pan R)에 의한 직류모선(103선) 가압 유지

— 운전실 교환 또는 사고조치 등으로 운전석 이석이 불가피한 경우 → 자동제어핸들을 취
거하여도 Pan이 상승되어 있는 상태에서는 PanR이 작동하고 있어서 BatK가 여자 연동
에 의하여

◐ TC차 Bat → 101 → Batk(a) → 101a → M차 거쳐서 → M'차 PanR → 101b → M차
→ TC차 → Dd5 → 104a → BatN2 → 104b → Batk
→ 100d2로 BatK가 계속 여자되므로

◐ TC차 Bat → 101 → Batk → 101a → BatN2 → 103의 회로로 103선 가압된다.

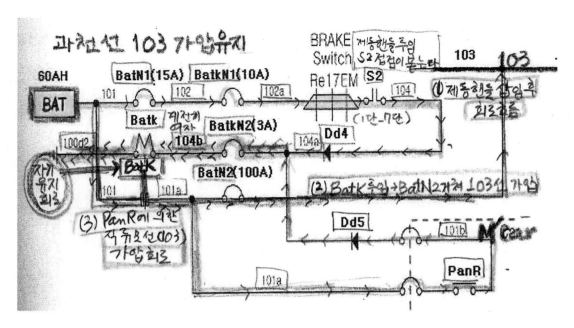

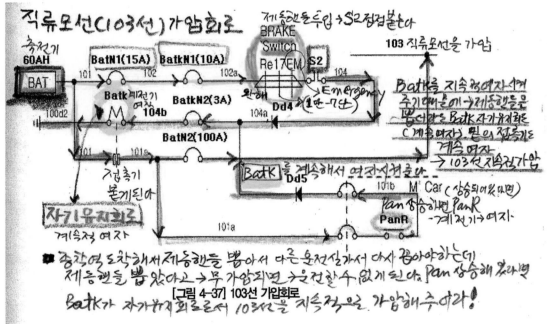

[그림 4-37] 103선 가압회로

(3) 전차선 단전 시, 축전지 방전 방지
- 차량 유치 시 Pan을 하강하지 않은 상태에서
- 전차선이 단전된 경우, PanR에 의해 103선이 계속 가압될 경우
- 축전지가 모두 방전되는 사고의 우려가 있다.

- 사고방지를 위해 차량 유치 중 전차선 단전 시 → 전기동차의 모든 보조전원장치(SIV)가 정지되고,
- 보조전원장치 출력 측에 설치된 보조전원장치 접촉기(SIVk)가 무여자된다.

◆ SIVk가 무여자되면

◑ TC, T1차 103 → PLpN → SIVk(a) → 138선이 무가압된다.

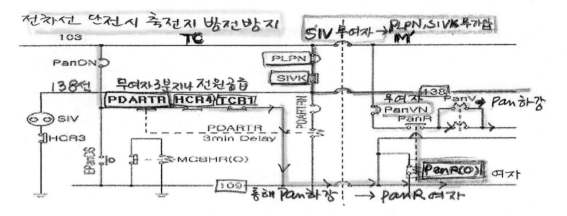

〈PDARTR: Pan Down Aux. Relay Time Relay 판토(Pan) 하강 보조시한계전기〉

〈PLpN: Pilot Lamp NFB: 지시등회로차단기〉

- 즉, 8선이 무가압되면 TC 138선 → PDARTR(팬터하강보조시한계전기) 무가압된다.
- PDARTR(팬터하강보조시한계전기)이 무여자되어
- 소정의 제한시간인 3분이 지나면 전원이 공급되어
- 109선을 통해 Pan을 하강하여
- 축전지의 방전사고를 미연에 방지한다.

◗ TC차 103선 → PanDN _PDARTR(b) → HCR4(b) → TCR1(b) → 109 → M차 → M'차 → 109 → PanR(O)
여자로 PanV가 무여자되어 Pan이 하강한다.

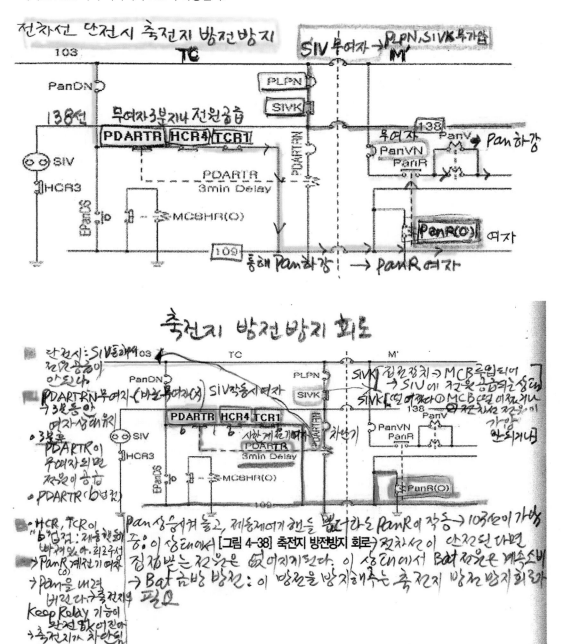

다. 과천선 운전실 선택

① 전부운전실:

　－ 특고압 제어, 속도제어, ATS전원 등은 → 전부운전실에서 전원을 공급받게 되어 있다.

② 후부운전실:

　－ 출입문개폐 연동회로, 객실 냉난방제어 및 표시등 회로 중 일부의 전원이 후부운전실로
　　부터 전원을 공급받는다.

　－ 그러므로 필요에 따라 운전실의 위치 선택이 요구된다.

　－ 운전실의 선택은 운전실 선택계전기에 의해 구성되는데, 선택계전기들은 TC차 배전반에
　　설치되어 있다.

▷ HCR(Head Control Relay:
전부TC차 제어계전기):
▷ :TCR(Tail Control Relay:
후부TC차 제어계전기):

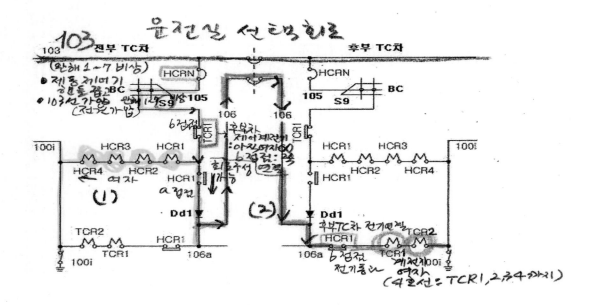

(1) HCR의 동작

- HCR은 사용접점 수가 많아 4개를 직렬로 사용한다.
- HCR은 1개의 계전기가 단선이 되더라도 전체의 계전기가 석방되도록 설계되어 있다.

◗ 103선 → HCRN → 105 → BC → S9접점 → 105a → TCR1(b) → HCR1,2,3,4 여자

(2) TCR의 동작

- 전부운전실에서 HCR이 여자되면

◗ HCR1(a) → Dd1 → 106 → 후부TC차 → 106 → HCR1(b) → TCR1, TCR2 여자

- TCR동작에 의하여 후부 운전실측에서는 105a → 105c 선 간의 TCR1 접점이 개로 되어 HCR회로가 개방된다.
- 따라서 만약 실수로 후부운전대에서 → 제동제어기 핸들을 취급하더라도 편성의 제어전원시스템에 오류가 발생할 가능성이 없다.

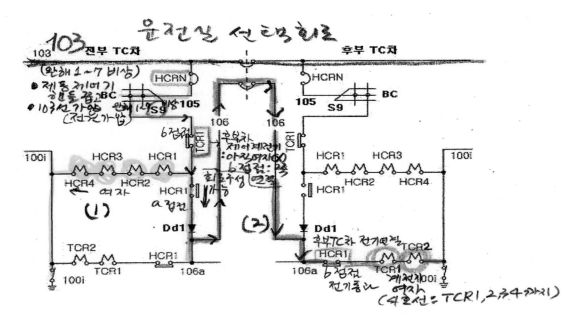

라. 과천선 ACM구동

- M′차 객실 의자밑, 압력조정변에서 5kg/cm²로 조정
- 팬 상승, MCB 투입, EGS 동작, ADCg, M'차 차단기(L1 · L2 · L3) 등에 ACM 공기공급

[운전실 기반의 제어회로]

- TC차 운전실 제어대에 설치된 보조전동공기압축기 제어스위치(ACMCS)를 누르면
- 아래와 같은 회로를 거쳐 ACM이 구동

◑ TC차 103선 → HCRN → 105 → ACMCS → ACMRe → 111a → ACMLP → 100c11로 ACM 점등되면
◑ 111 → M' → ACMkN → 111a → Dd12 → 111e → MCBR2(b)접점 → 111g → ACMk여자
→ ACMk가 동작하면
◑ M'차 103 → ACMN → 111b → ACMG → 111e → ACMK → 111f → ACM → ACMF → 100d3의 회로로
ACM 구동된다.

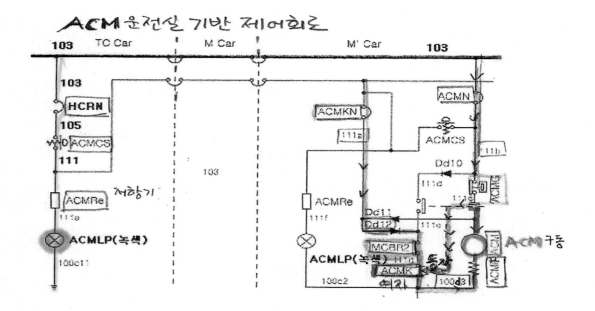

[ACMk(Aux. Compressor Motor Contactor:보조전동공기압축기 접촉기)]

- ACMk는 아래 회로를 거쳐 구동하게 된다.

◑ 103선 → ACMN(보조전동공기압축기 제어회로차단기) → 111b → Dd10 → 111d → ACMk → 111e →
MCBR2 → 111g → ACMk → 100d4로 자기 유지(Self Hold)의 접점을 구성하여 계속적으로 구동하게 된다.

[ACMCS스위치]

- ACMCS를 누르면 연결되는데 한번 누른 후에는 소자되어 버린다.
- 여기서 ACMK의 지속적인 여자가 되어야 하는데 한번 접촉기가 붙었을 때 계속적으로
  ACMK를 여자시켜 주는 자기유지회로('Keep Relay')가 필요하다.

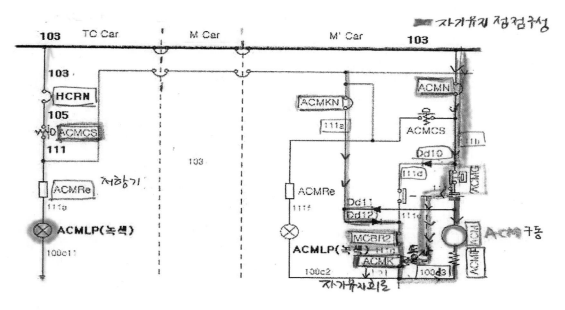

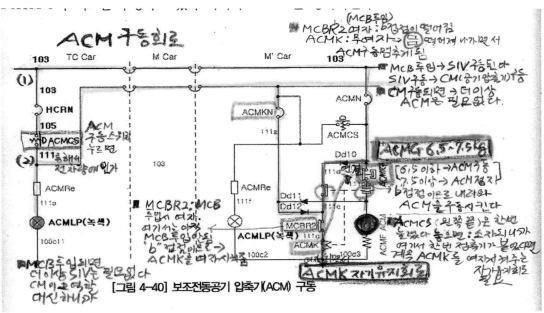

[그림 4-40] 보조전동공기 압축기(ACM) 구동

- 공기압력이 7.5kg/cm²에 달하면(약 5−6분 소요) 보조공기압축기용 조압기(ACMG)가 동작하므로 동작차량의 ACM은 정지하게 된다.

- 그러나 MCB가 투입되기 전 즉, 전동공기압축기(CM)가 구동하기 전에 공기압력이 6.5kg/cm²이하로 내려가면 ACM의 구동이 재개되게끔 설계되어 있다.

- 단 주차단기(MCB)가 투입되면 이 회로의 111e−111g 간을 개방(MCBR2)(MCBR2여자 →

b접점 떨어지면서 ACM구동 멈추게 된다)하게 되므로 ACM−G가 회로를 구성하고 있더라도 ACM을 정지시킨다. 이때부터는 CM이 역할 대체한다.

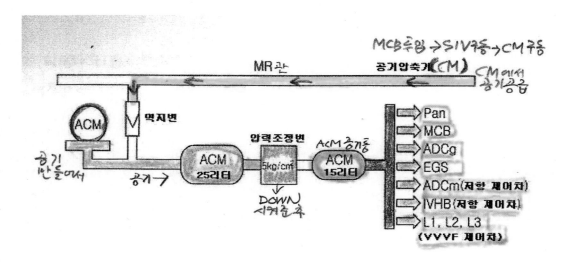

마. 과천선 Pan제어

(1) 과천선 팬터그래프 상승회로

 − "ACM이 구동 되었으므로 이제 Pan 상승할 때가 되었네!!"

－운전실의 Pan 상승스위치 (PanUS)를 누르면

◑ TC차 103선 → MCN → HCR3(a) → PanUS → 108 → MCB차단 → EGSR(b) → PanR(C-Coil) PanR(C)
이 여자되면 → PanR붙는다 (PanR(O)하강 코일이 여자될 때까지 붙어 있는다)

◑ M′차 103 → PanVN → 110 → PanR(a) → PanV1,2 → 100d7 의 회로 Pan 전자변(PanV)이 여자되어 공기를
Pan의 실린더에 공급 → Pan을 상승시킨다.

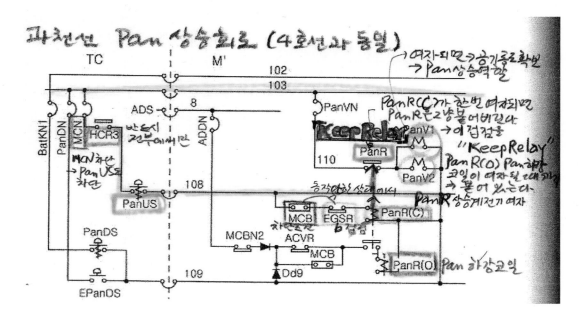

(2) Pan계전기(PanR)

－Pan계전기(PanR)는 위치를 유지(Keep Relay)시키는 역할을 한다.

－PanR에는 코일(Coil)이 상승용과 하강용의 2개가 있다.

－코일의 정격은 단시간 정격이므로 자기접점으로 코일을 끊도록 하고 있다.

－한번 전환하면 전원을 제거하여도 계속 그 상태를 유지한다.

(3) PanV

－Pan은 공기압력 제어에 의한 공기압력과 주스프링에 의해 상승되고,

－공기압력을 배기시켜 하강스프링에 의해 하강되는 방식을 취하고 있으므로

－PanV는 계속 여자되고 있어 Pan 실린더에 공기를 계속 공급한다.

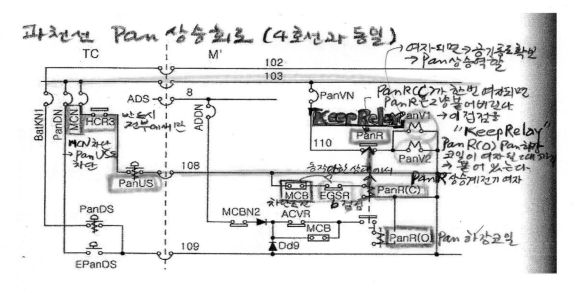

(4) 과천선 전체 Pan 상승 불능 시 조치사항

　　－103선 가압여부 확인(축전지 전압 현시 및 모니터 점등여부로 확인)

　　－MCN 차단여부 확인 복귀

　　－HCRN 차단여부 확인 복귀(HCRN 차단 시 운전실 각 종 표시등 소등)

　　－MCB 차단여부 확인(차단상태에서 투입조건 형성)

　　－전, 후 운전실 EPanDS, EGCS 동작여부 확인 복귀

　　－공기압력 확인(최초 기동시 ACM 공기)

　　－전부운전실 상승 불능 시 후부운전실에서 Pan 상승

(5) 과천선 일부 Pan 상승 불능 시 조치사항

　　－PanVN 차단확인

　　－MCBN2 차단확인(DC)

　　－Pan 콕크 확인

　　－MS 취급확인(4호선)(MS: Master Switch)

　　－MCB 차단상태 확인

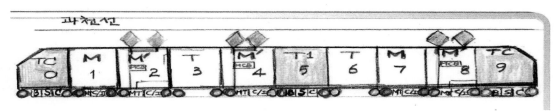

(6) 과천선 팬터그래프(Pan) 상승조건

① 제어전원이 있을 것(직류모선인 103선 가압상태)

② 전부운전실(HCR)이 선택되고, MCN, HCRN이 ON 상태

③ 공기압력(ACM)이 확보되어 있을 것

④ 교류구간에서 비상접지제어스위치(EGCS)가 동작되어 있지 않을 것

⑤ 전, 후 운전실 비상팬터하강스위치(EpanDS)가 눌러져있지 않을 것

⑥ 주차단기(MCB)가 차단되어 있을 것

⑦ 각 M'차 PanVN ON 상태 및 Pan공기관 콕크 차단여부 확인(해당차만)

— PanVN이 내려와 있으면(차단되면) 아무리 제어회로가 구성이 된다고 하더라도 PanVN을 여자시켜주지 못한다)

— PanVN ON 상태 및 Pan 공기관 콕크(Cock) (차단되어 있으면 공기를 올릴 수 없게 된다) 차단여부 확인할 것

— 전부운전실(HCR)에서만 상승취급 가능하다.

• 전·후 운전실 비상Pan 하강스위치(EpanDS)가능("아! 위험한 상황이야! 후부운전실에서도 하강시켜야지!!")

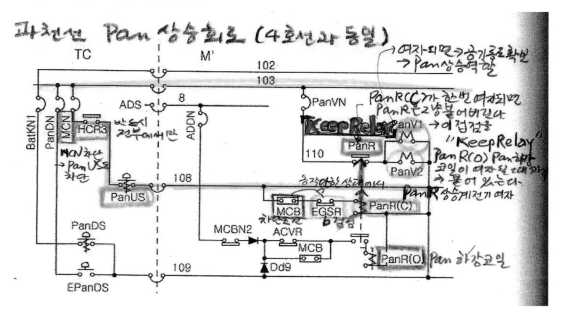

(7) 과천선 팬터그래프(Pan) 하강

[Pan의 하강]

- 팬터그래프 하강은 각 M'차의 팬터그래프 전자변(PanV)를 무여자시켜
- Pan작용실린더에 있는 압축공기를 대기로 배출시키면 작용실린더 내의 하강 스프링 탄성에 의해 Pan이 하강하게 된다.

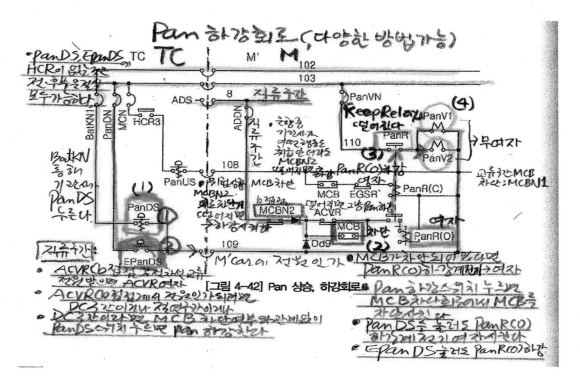

[그림 4-42] Pan 상승, 하강회로

[전기회로의 구성]

- 전기회로의 구성은 운전실의 Pan하강스위치(PanDS)나 비상Pan하강스위치(EPanDS)를 취급하면 된다.
- 두 스위치의 전원경로는 다르지만 스위치를 지나 PanR의 하강코일을 여자시키는 과정은 동일하다.
- 단, 하강스위치(PanDS)취급 시 일단 스위치를 취급한 이후에는 자동복구가 되지 않도록 설계되어 있다.

[하강용 코일의 여자]

◑ TC차 102선 → BatkN1 → PanDS → 109 → M'차 → 109 → Dd9 → ACVR (b) → MCB차단 → PanR(O) → PanR(하강코일) → 여자회로로 PanR 하강코일이 여자된다.

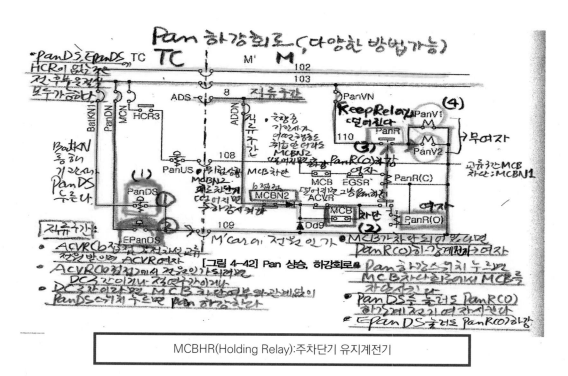

[그림 4-42] Pan 상승, 하강회로

MCBHR(Holding Relay):주차단기 유지계전기

[ACVR b접점과 MCB 기계적 차단 접점과정]

- 하강용코일 전에 있는 교류전압계전기(ACVR) b접점과 주차단기(MCB) 기계적 차단 접점 과정은 아래와 같다.

◑ TC차 102선 → BatkN1 → PanDS → 109 → MCBHR(a) → MCBHR(차단코일)여자로 MCB차단된다.

[Pan하강]

① MCB가 차단된 조건과
② 교류전압계전기 ACVR이 무여자된 조건에서 이루어지도록 되어 있다.

[교류구간&직류구간에서 Pan하강]

- 교류구간에서 Pan하강은 반드시 주차단기가 차단된 조건에서 이루어진다.
- 대조적으로 직류구간의 경우는 MCB차단과 관계없이 ACVR(b)연동을 통하여 Pan의 하 강용 코일을 여자시킬 수 있다.

[주차단기가 투입된 상태에서 MCB차단 동작을 잊고 PanDS와 EPanDS를 취급 시]

- 다이오드(Dd2)를 거쳐 MCBHR(차단코일)에 전원을 보내주어 → 먼저 MCB가 차단된 후에 Pan이 하강되도록해 준다.
- 즉, 주차단기(MCB)투입회로를 끊어 후에 MCB가 재투입되지 않도록 한다.

[직류구간 운전 중에 MCBN2가 차단되면]

- MCBN2(b)의 연동에 의하여 PanR의 하강용 코일을 여자시켜 MCBN2가 차단된 유니트의 Pan이 하강되도록 설계되어 있다.
- 따라서 Pan의 상승과 하강은 Pan 전자변(PanV)의 회로상의 연동편을 개폐함으로써 이루어진다.

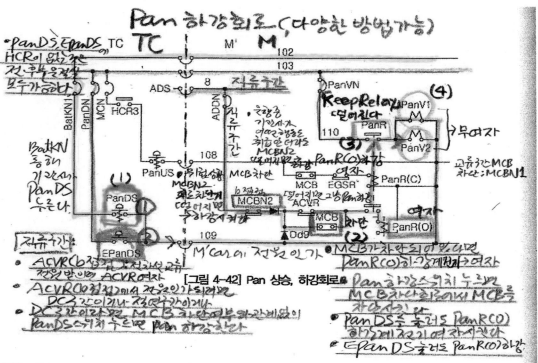

[그림 4-42] Pan 상승, 하강회로

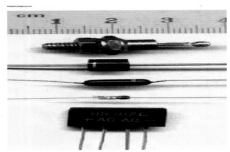

다이오드(diode:Dd2)란 한쪽 방향으로 전류가 흐르도록 제어하는 반도체 소자를 말한다.

(8) 비상팬터그래프(EPanDS)의 하강

- 전동열차 운전 중 또는 작업 중에 급히 Pan을 하강할 필요가 있을 경우
- 기관사가 비상 팬터하강스위치(EPanDS)를 취급하여 MCB를 차단하고 동시에 Pan을 내릴 수 있도록 설계되어 있다.
- EpanDS는 MCB제어 전원회로를 직접 끊는 접점과 Pan하강 인통선을 여자하는 2개의 접점을 갖고 있다.
- EPanDS는 MCB를 차단함과 동시에 109선을 여자하여 Pan하강코일을 여자하도록 되어 있다.

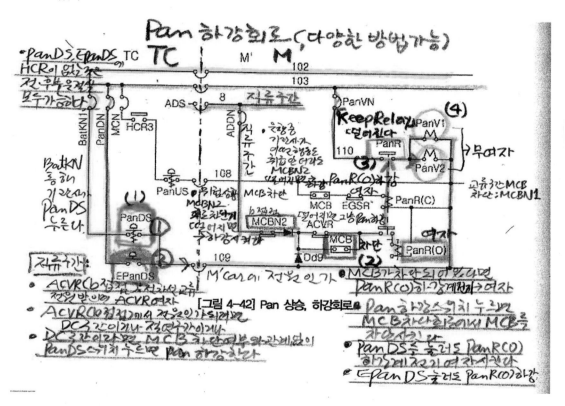

[그림 4-42] Pan 상승, 하강회로

예제 다음 중 과천선 VVVF 전기동차의 PanPS 압력치에 관한 설명으로 맞는 것은?

가. 4.2~4.7kg/cm²   나. 4.0~5.0kg/cm²   다. 3.5~4.5kg/cm²   **라. 4.1~4.4kg/cm²**

해설 과천선 VVVF전동차의 PanPS압력치는 4.1~4.4kg/cm² 이다.

바. 과천선 주차단기(Main circuit Breaker: MCB)제어

1) 주차단기(MCB) 투입

(가) 주차단기(MCB) 투입 전 확인사항

- 배터리 전원 넣고 ACM구동시키고, PanUS눌러서 Pan 상승시키고
- 여기서 MCB를 투입한다.

① 전차선 전원표시등(ACV, DCV)점등으로 Pan 상승 및 전차선 전원공급상태 확인

교류구간에서는 ACVR여자되면 ACV등이 점등, 직류구간에서는 DCVR여자 되면 DCV등이 점등. 어떤 전원을 받고 있는지 기관사에게 가르쳐주고 있다. 이 전원을 못 받으면 MCB투입이 안 된다. ACVR이 무여자가 되면 MCBTR도 무여자 → MCB투입이 안 됨

② 전차선 전원에 맞도록 운전대의 교직절환 스위치(ADS)를 정위치 여부를 확인

교류전원을 받고 있는데 ADS를 DC위치로 선정하면 MCB투입이 안 된다.

③ 전부운전실 주간제어회로차단기(MCN) 및 전부차 제어계전기 회로차단기(HCRN) ON상태 확인

MCN과 HCRN이 떨어져 있으면 Pan상승조차도 안 된다.

④ 전, 후운전실 내 TEST SW 동작여부 확인

눌러져 있으면 MCB가 투입이 되지 않는다.

⑤ 각 M′차 배전반 내 회로차단기(MCBN1, MCBN2, ADAN, ADDN, MTOMN, MTBMN) M, M′차 CIN 및 차체하부의 주차단기 공기관 코크의 차단여부 확인

MCB는 최초에 공기를 투입해야 작동하는데 이들 기기가 차단되어 있지 말아야!!

(나) 주차단기(MCB) 투입스위치(MCBCS)를 취급

- 주차단기를 취하면 7(교류), 8선(직류)이 가압된다.

◗ TC차 103선 → MCN → HCR3 → MCBCS → MCBHR(C Coil:투입) 여자된다. 이후
◗ TC 차 → MCBHR(a) → EPanDS → ADS(AC) → 7(ADS DC 위치 8선)이 가압된다.

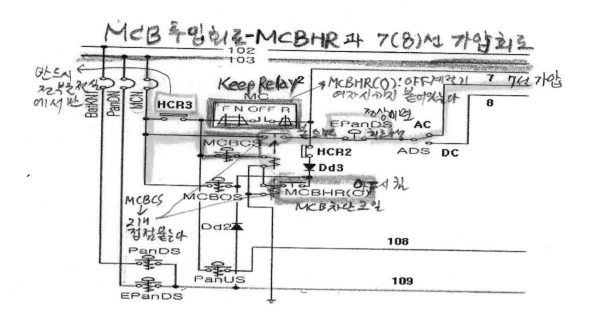

[운전실 주차단기 제어스위치(MCBCS)를 취급]하면

- 주차단기 유지계전기(MCBHR)중 투입코일이 여자되고 → MCBHR의 2개의 연동편(1−1d선, 1c1−1g선)은 모두 아랫부분으로 이동하여
- 회로의 7, 8선 가압선상에 있는 연동편과 MCBHR(O)사이 즉, MCB차단코일 상의 연동편이 접촉하게 된다.
- 이런 흐름에 따라 MCB 투입코일은 일단 여자되어 → 2개의 연동편만 이동시켜 원래의 목적을 달성한 후 무여자되어
- MCB 차단 시 동작을 원활하게 해준다.
- MCBHR은 자기유지계전기로 Open Coil 을 여자시키지 않는 한 계속 Close상태를 유지하게 된다.

[MCB 제2계전기(MCBR2)여자회로]

- MCB 재투입을 방지한다.
- 재투입 시 MCB OS−MCB CS취급

2) 과천선 교·직 절환회로(ADCg절환)

- ADAR(교직절환 교류용 보조계전기)

- ADDR(교직절환 직류용 보조계전기)

*참고: 서울교통공사 4호선 차량은 보조계전기가 없고 ADCg와 ADCm이 동시에 여자

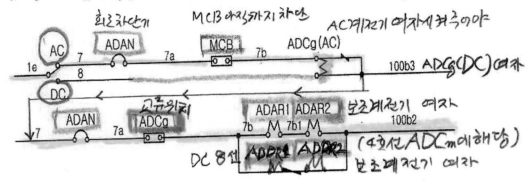

[교직절환 과정]

◑ ADAN(ADDN) → MCB(차단) → ADCg(AC Coil)
또는(DC Coil) → ADCg 가 교류(직류)측으로 절환되어 전차선과 동일한 위치를 취한다.

- ADCg가 교류위치로 절환되면 그 기계적인 연동접점에 의해

- 교직절환 교류용 보조계전기(ADAR1,2)를 여자시킨다.

3) 전압계전기 및 전압계전기용 시한계전기 동작회로(특고압회로)

(가) ACVR, DCVR 전압계전기(전차선 전압이 무엇인지 인식하는 계전기)

- MCB와 상관없이 Pan상승 동시에 동작

- AC구간이면 ACVR을 여자, DC구간이면 DCVR를 여자

(나) 전차선이 교류(AC)인 경우

◑ Pan → 계기용변압기(PT) → 정류기 → ACVRRe1 → ACVR → 접지로 ACVR이 여자된다.

(다) 전차선 전원이 직류(DC)일 경우

◑ 전차선 전원이 직류인 경우는 계기용 변압기(PT) → 904선 저항기를 거쳐 → DCVR이 여자된다.

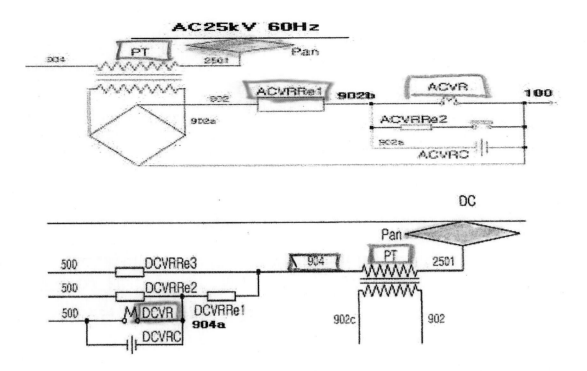

계전기가 시한계전기인 이유

① 교류구간의 경우:

설정된 시간 동안 교-교연결구간 통과 시 일시적인 무전압으로 교류전압계전기(ACVR)가 석방되어 주차단기(MCB)가 Trip하는 일이 없도록 하는 기능을 담당하기 위해서이다.

② 직류전압 시한계전기(DVVRTR) 경우:

직류구간에서의 직-직 연결구간 통과시 혹은 지하공간에서는 강체가선을 사용하고 있기 때문에 이 계전기를 시한계전기로 설정한 이유는 Pan의 이선을 고려하여 직류전압계전기(DCVR)가 일시적으로 석방되더라도 주차단기(MCB)를 차단시키지 않게 하기 위해서다.

MCBCS(주차단기투입스위치) 스위치 작동 후
[MCBR1와 MCBR2 역할의 차이 비교]

(1) MCBR1
- MCBR1(주차단기 제1계전기)가 여자된다.
- MCB-C(주차단기 투입코일)의 여자로 주차단기 제어 실린더에 압력공기가 유입되어 MCB가 투입된다.

(2) MCBR2
- MCBR2(주차단기 제2계전기)의 여자로 MCB-C가 무여자된다.
- MCB-C 무여자로 주차단기 실린더의 공기를 배출시켜 주차단기 사고차단에 대비한다.

---

4) 과천선 주차단기 제1계전기(MCBR1) 여자회로

- 교류전압시한계전기(ACVRTR), 또는 직류전압 시한계전기(DCVRTR)가 동작하면
- Pan 상승 후 PanPS1 · 2 접점, 유니트 및 주변압기(MT)계통에 이상이 없는 조건에서
- MCBR1 여자회로는 다음과 같다.

◐Tc 103 → MCN → 1〉 MCBHR(a) 연동 → 1d → EPanDS → 1e → ADS
→ 7(8) → ADAN(ADDN) → MCBN1(MCBN2) → ADAR1(ADDR1) → ACVRTR → DCVRTR → PanPS1
→ PanPS2 → UCORR → MTAR(주변압기보조계전기) → MCBR1 여자
UCORR(Unit Cut-Out Repeat Relay)유니트 개방 반복계전기

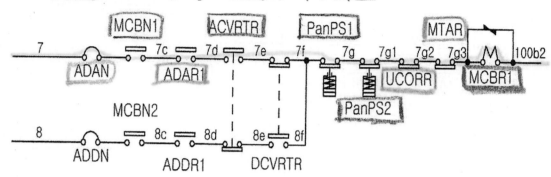

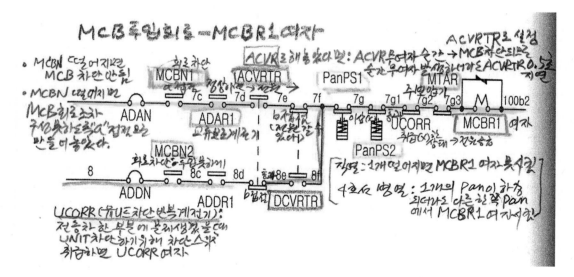

[팬터그래프 압력스위치(PanPS1,2)(Pan Pressure Switch)]

- PanPS1,2 는 팬터그래프용 제어공기 압력 및 주차단기(MCB)를 동작시키는 데 필요한 공기압력(4.4 kg/cm^2) 유무를 검사하기 위하여 사용된다.
- 팬터그래프(Pan)용 제어공기 압력이 부족할 때는 주차단기가 투입되지 않는다.
- 어떤 원인에 의해 공기압력이 저하(4.1kg/cm^2)하였을 때는 → MCBR1을 무여자시키고, 주차단기 차단코일(MCB−T)를 여자시켜 주차단기를 차단하여Pan의 자연하강에 의한 사고를 방지해 준다.
- 과천선은 직렬로 되어 있어 어느 한 개의 Pan이라도 떨어지면 MCBR1을 여자시키지 못한다.
- 서울 교통공사 차량은 PanPS1, 2가 병렬로 되어 있어서 1개의 Pan하강 시 다른 Pan이 작동하여 MCBR1을 여자 해준다.

[MCBN1(회로차단기1), MCBN2(회로차단기2)의 연동접점의 역할]

- MCBN1, MCBN2의 연동접점은 회로차단기가 트립(Trip)되었을 경우
1. 주차단기 차단코일(MCB−T)회로
2. 교류전압 시한계전기(ACVRTR)
3. 직류전압 시한계전기(DCVRTR)회로가 구성되지 않았을 때
→ MCB투입회로가 구성되는 일이 발생되지 않도록 하기 위하여 사용된다.

5) 주차단기 투입코일(MCB-C) 여자

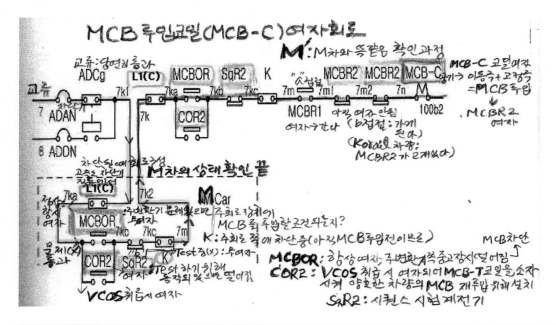

* VCOS(Vehicle Cut-Out Switch): 고장차량차단스위치

* COR(Cut-Out Relay): 차단계전기

* L1: 고장계전기

* SqR(Sequence Test Relay): 시컨스 시험(Test) 계전기(Test하기 위하여 동작되어 있으면 떨어짐)

* ADAR(Relay for AC Selection): 교직절환교류용 계전기

(1) ◗ M'차 → 7k1 → M차 7k1 → L1(c) → 7ka → MCBOR(상시 여자) → 7kb
  → SqR2 (Test중 아니므로 소자상태) → 7kc → k → 7m
(2) ◗ M'차 7k2 → 7k → L1(c) → 7ka → MCBOR → 7kb → SqR2 → 7kc → k → 7m → MCBR1 → 7m1 →
MCBR2 → 7m2 → MCBR2 → MCB C Coil → 100b2 → MCB투입
(MCB투입전자변)이 여자되어 → 공기실린더에 공기가 공급되어 → 주차단기(MCB)가 투입된다.

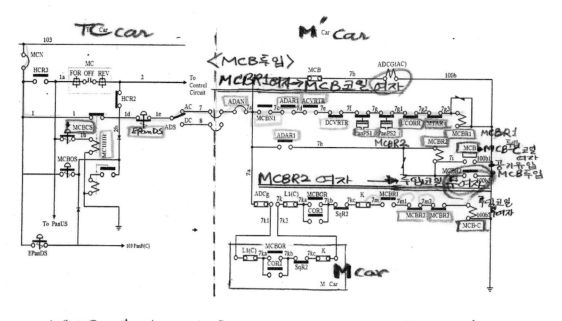

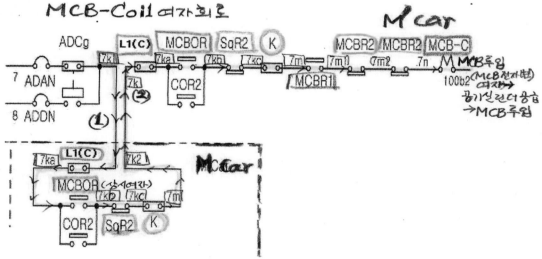

[MCB투입순서 및 여자회로]

▶ MCB 투입 순서

   – MCBCS 취급

   – MCBR1 여자

   – MCB – C코일 여자

   – 공기유입 – MCB 투입

[MCBR2 여자]

- MCB - C 코일 무여자

- 공기배출(MCB사고 차단대비)

▶ MCBR2여자 회로

- MCB가 투입되면 MCBR2가 여자되어 자기접점(a)으로 MCB를 자기유지하고,

- MCBR2 (b)접점은 개방되어 MC -C 투입코일 무여자(전원 차단시 재투입 가능)

▶ MCBOR 여자

- 최초 제동제어기 핸들 삽입 시 여자 → MCBOR 무여자

- AC구간에서 2차 전류가 2,300A 이상 과전류, 2차 접지, GTO Arm 단락 시 무여자

- MCBOR 무여자시 사고차단(M, M′ 둘 중에 하나라도 무여자시 해당)

▶ SqR2 여자시기

- MCB가 차단된 상태에서 운전실내 TEST SW 취급 시 SqR1,2 여자로 Gate 제어장치에 공 노치 지령 입력 MCB 차단상태에서 AC구간에서는 AK, K DC구간에서는 L1, L2, L3를 투입 지령하여 Gate Control Unit 동작확인 시험

〈핵심〉 MCBCS(주차단기투입스위치) 스위치 작동 후
[MCBR1와 MCBR2 역할의 차이 비교]

(1) MCBR1

MCBR1(주차단기 제1계전기)가 여자된다.

MCB-C(주차단기 투입코일)의 여자로 주차단기 제어 실린더에 압력공기가 유입되어 MCB가 투입된다.

(2) MCBR2

MCBR2(주차단기 제2계전기)의 여자로 MCB-C가 무여자된다.

MCB-C 무여자로 주차단기 실린더의 공기를 배출시켜 주차단기 사고차단에 대비한다.

MCBR2(주차단기 제2계전기)여자회로

- 주차단기가 어떤 원인으로 트립되어도 전원을 끊지 않는 한 재투입 방지

① MCB가 투입 후 MCBR2가 여자되면 'b'접점이므로 MCBR1, MCBR2 모두 끊어진다.

② MCB C-Coil이 무여자되어 공기가 빠져버린다.

③ 그렇게 되면 MCB투입 상태가 유지된다.

[MCBR2 제2계전기 여자 (투입코일 무여자)]

◑ 7a(8a) → ADAR1 또는 ADDR1 → 7h(8h) → MCBR2 → MCB → 100b1

주차단기 제2계전기(MCBR2)가 동작하고 자기접점으로 자기유지하므로 MCB−C(Coil)는

◑ 7m1 → MCBR2 → 7m2 → MCBR2 → 7n 간의 MCBR2 접점으로 개방되어 투입코일이 무여자된다.

- 주차단기(MCB)가 어떠한 원인에 의해 트립하더라도 전원을 끊지 않는 한 재투입을 방지해 준다.
- 재투입 시에는 MCBOS−CS를 취급한다.

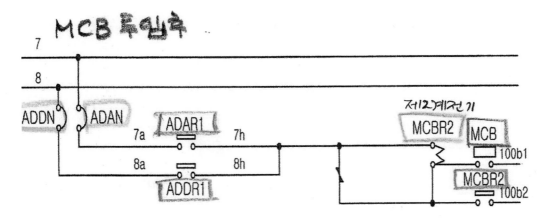

[주차단기(MCB) 투입과정]

(가) Pan 상승 − ACVR(DCVR) 여자 − ACVRTR(DCVRTR) 여자

(나) 교직절환스위치(ADS) 위치에 따라 교직절환기(ADCg)가 교·직 위치를 취하고 ADAR(ADDR) 여자(4호선은 ADCm이 있고 보조계전기는 설치되지 않았다)

(다) 주차단기 제1계전기(MCBR1) 여자

(라) 주차단기 투입코일(MCB −C) 여자, 주차단기(MCB) 투입

(마) MCB 보조스위치(투입접점)에 의해 주차단기 제2계전기(MCBR2) 여자

(바) 주차단기 제2계전기(MCBR2)의 여자로 MCB−C 소자

(사) MCB−C 무여자로 실린더의 공기를 배출시켜 주차단기 사고차단에 대비

MCBCS취급 시 주차단기 투입과정

〈MCBCS를 취급하였을 때 주차단기(MCB)가 투입되는 과정〉

(1) Pan이 상승하면 → 전차선 전원에 의해 → 교류전압계전기(ACVR)혹은 직류전압계전기(DCVR)가 여자된다. 그 보조접점에 의해 ACVRTR 혹은 DCVRTR가 여자

(2) MCBCS 취급으로 MCBHR(제어계전기) 투입코일 여자

(3) ADS 위치에 따라 ADCg기 교류(7선) 또는 직류(8선) 위치를 취하고, ADAR 또는 ADDR이 여자된다 (서울 메트로 차량은 ADCm이 있고 보조계전기는 없다).

(4) MCBR1(주차단기 제1계전기)가 여자된다.

(5) MCB-C(주차단기 투입코일)의 여자로 주차단기 제어 실린더에 압력공기가 유입되어 MCB가 투입된다.

(6) MCBR2(주차단기 제2계전기)의 여자로 MCB-C가 무여자된다.

(7) MCB-C 무여자로 주차단기 실린더의 공기를 배출시켜 주차단기 사고차단에 대비한다.

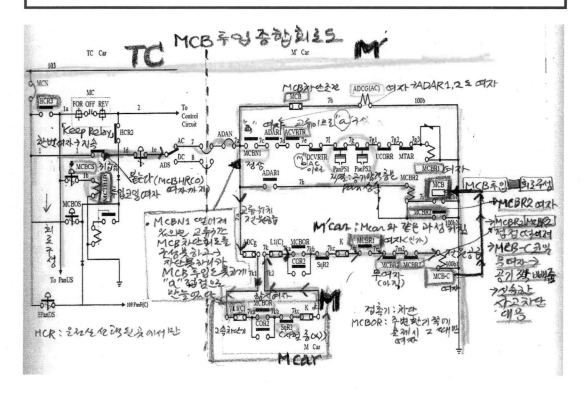

주차단기(MCB) 차단

(가) 정상차단

　　– MCB를 정상차단하기 위하여 운전실의 MCBOS(주차단기개방스위치)를 취급하면

　　– 주차단기 제어계전기(MCBHR)의 차단코일이 여자되어

　　– 1선과 1d선 사이의 MCBHR 연동접점이 개방되므로(떨어지므로)

　　– 7선 또는 8선으로 가던 전원이 차단된다(따라서 7선 또는 8선에 의해 공급받던 MCBR1의 무여자에 의하여 주차단기는 개방되게 된다).

[예제]　다음 중 과천선 VVVF 전기동차의 직류구간 MCB 정상차단에 관한 설명으로 맞는 것은?

가. M′차의 L1 차단과 MCBR1 소자에 의한 MCB-T 여자하여 MCB를 정상차단한다.

나. M차와 M′차의 L1,L2,L3 차단과 MCBR1 소자에 의한 MCB-T 여자하여 MCB를 정상차단한다.

다. M차와 M′차의 L3 차단과 MCBR1 소자에 의한 MCB-T 여자하여 MCB를 정상차단한다.

라. M차와 M′차의 L1 차단과 MCBR1 소자에 의한 MCB-T 여자하여 MCB를 정산차단한다.

```
MCB-C코일:투입
MCB-T코일:차단
```

① 교류구간 차단

◗ M차 103 → MCBN1 → 9 → DCVRTR(b) → ADCg → 9b → MCBR1 → Dd6 → 9e → MCB-T → 9f → MCB (투입점검) 100b의 순서로 MCB-T(Coil)가 여자된다. → 차단

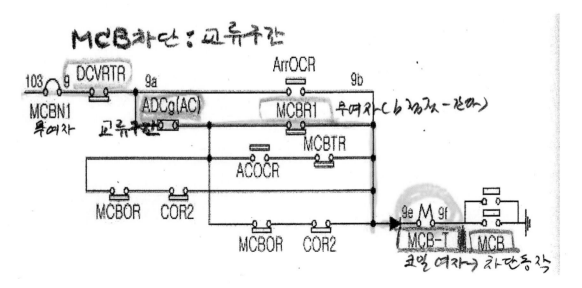

② 직류구간 차단

- 직류구간에서 주차단기 차단코일(MCB -T)여자는
- M′차(서울교통공사 M차)의 L1(고속차단기 역할)이 먼저 차단된 조건에서 구성된다.
- L1(서울교통공사 차량 HB, IVkR)이 차단된다는 것은
- 주변환 장치(인버터측)와 보조전원장치(SIV)가 정지된 상태가 되기 때문이다.
- 즉 직류구간에서 전기동차에 걸리는 부하를 거의 차단한 상태에서 주차단기(MCB)를 개방토록 한 것이다.
- L1 Trip시 복귀는 MCBOS -RS(Reset Switch) - MCBCS

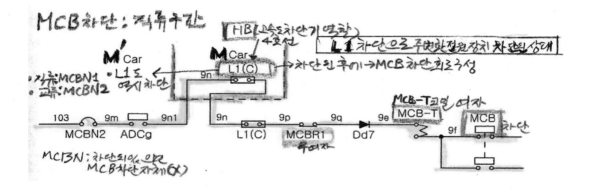

(나) 주차단기 사고차단(교류구간 MCB 차단회로 참조)

① 교류과전류 계전기(ACOCR)

- 돌입전류 유입을 통해 120A 이상 시 ACOCR 동작 → MCB 사고 차단
- MCBTR 여자 유지로 MCB 차단 방지0.5초 이후 회로구성되어 MCB 사고 차단

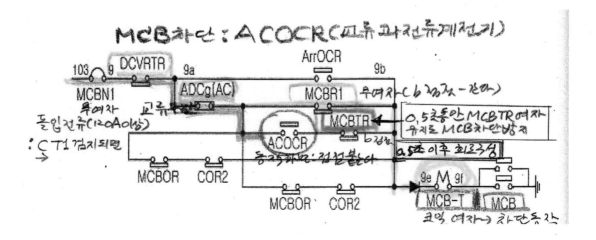

② ArrOCR(피뢰기과전류계전기)

- 직교(DC → AC)절연구간 진입 중 기관사가 직류에서 교류로 돌려야 하는데(절환장치 고장 등) 실수로 돌려 놓지 못했다.
- DCVR무여자 → DCVRTR무여자 → MCBR무여자 → MCB차단되어야 한다.
- MCB가 자동차단되거나 기계적 고착(이동전극과 고정전극이 서로 붙어서 떨어지지 않음)으로 차단 불능이면 AC25KV 유입으로 기기 손상 우려가 있다.
- 이때 기기 보호 때문에 직류피뢰기(DCArr) 동작, ArrOCR(피뢰기 과전류계전기)가 여자된다.

[교류과전류 계전기(ACOCR)]

- 주변압기 1차권선 회로의 과전류 보호로서 ACOCR이 설치되어 있다.
- 교류구간에서 Pan을 상승시키고 → MCB를 투입할 때 돌입전류(Surge)가 흐를 경우 → 변류기(CT1)에서 검지(120A 이상)하여 → ACOCR이 동작하여 → MCB 사고를 차단시킨다.

[ACOCR동작 시 MCBTR연동을 삽입한 이유]

- MCB 투입 시나 순간 단전 후 급전(교-교 Section 통과 시 포함)되는 순간 → 돌입전류(Surge)로 → ACOCR이 동작하여도 → MCBTR은 0.5초 동안 여자가 유지되어 → MCB-T 코일은 여자되지 않는다.

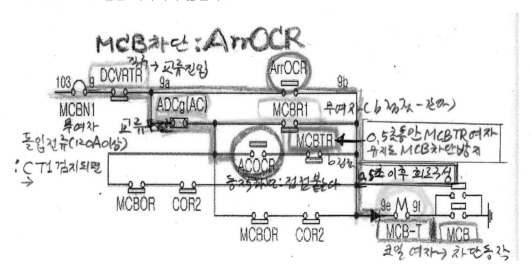

③ 주회로차단기 차단계전기(MCBOR)

상시 여자되어 있다가 주변환기 중 고장에 의해 무여자된다.

[과천선 주변환기 중고장 원인]

① 2차 과부하

② 2차 접지

③ GTO(스위칭 작업을 하는) Arm 단락

— 이 경우 MCBOR 무여자되어 MCB차단

※ MCBOR: 상시 여자되어 있다가 → 중고장 시 무여자 → MCB-T 코일을 여자 → MCB 차단

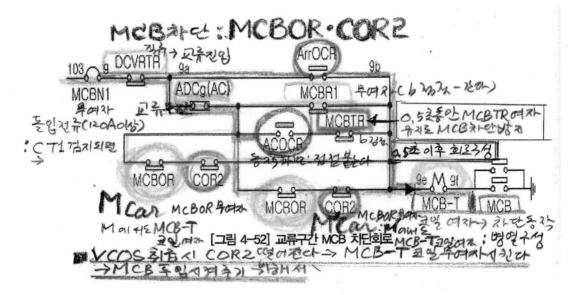

[그림 4-52] 교류구간 MCB 차단회로

과천선 제어 전기동차 주변환기 중고장 원인

① 2차 과부하

② 2차 접지

③ GTO Arm 단락

- 위의 원인에 의하여 중고장이 발생되면 MCBOR(Open Relay) 소자되어 주차단기를 차단
- M차의 경우는 → 주변환기 정지 시 → 주차단기가 차단되거나 되지 않는 상황이 발생가능
- MCBOR이 소자되면 차단이 되고, 그렇지 않으면 차단되지 않음
- 그러나 M'의 경우에는 → MCBOR 소자와 관계없이 → MTAR이 동작되어 주차단기를 차단
- 주변환기 고장이 발생되면 → 해당 차 차측백색등과 고장대표등인 (Fault)등이 점등

MTAR(Main Transformer Aux. Relay): 주변압기 보조계전기

[COR2의 여자]

  - VCOS 취급 시 여자되어 MCB–T 코일을 소자시켜
  - 양호한 차량의 MCB 재투입을 위해 설치

COR2(차단제어계전기)의 여자

- MCB 사고차단 시 불량차량을 분리하기 위하여 VCOS취급 시 여자되어 MCB-T Coil을 소자
- 양호한 차량의 MCB를 재투입하기 위하여 설치

사. EGS 동작

  ─기계적인 연동접점을 통해 EGS가 복귀되는 것을 방지한다.

아. 운전실 교환회로

  ─MCBCS 취급전에 역전핸들을 먼저 취급하게 되면 불필요한 MCB 차단이 이루어지므로 유의해야 한다.

자. 교직절환 조작

  주차단기(MCB) 일제 차단, 순차투입한다.

차. 모진보호

(1) 절연구간에서 주차단기(MCB) 자동차단(1차 보호)

(가) 주차단기(MCB) 기계적 고착 시 모진

  ① **직류모진**: 직류구간에서 직류 대전류가 주변압기 1차측으로 들어오게 되므로 이때는 주휴스((MFS)가 용손되어 주변압기(MT)를 보호

  ② **교류모진**: 직류피뢰기(DCArr)가 방전을 하여 변전소의 차단기를 트립시켜 전차선 전원을 단전시키며, 또한 변류기(CT2)에서 교류전원을 검지하여 피뢰기과전류계전기(ArrOCR)를 여자하게 된다.

(나) 주차단기(MCB) 절연불량 시 모진

카. 절연구간 검지 :

　－절연구간 검지용 지상자(68kHz) 설치, 약 50초 동안 알려준다.

타. ATC/ATS 신호 절환

　－ ATC ⇒ ATS: CgSR 동작으로 부져가 울림, 제동제어기핸들을 4단 이상의 위치

　－ ATS ⇒ ATC: 절환회로의 CNSR여자, 전환시기를 알려주는 부져동작. 기관사가 ATCCGs

　　를 －ATS에서 ATC로 절환하면 부져는 정지. 절환후 차량은 ATC제어받음

특고압장치 핵심주제 요약

특고압장치 핵심주제 요약

제1절 **특고압기기**

1. Pantograph란?

(1) Pan 특징

① 전차선 고 · 저 변화에 원활한 접촉성능

② 틀조립 상호교차 마름모꼴로 소형화

③ 눈, 비 대비 커버설치, 실린더는 고무다이아 프렘방식

(2) Pan제원

◑ 조작압력5kg/cm², 주스프링압상력6kg/cm², (상승)12±2초, (하강)5±1초, Panto 10개
　(1.2.4.7.8호 각 2개)

◑ 공기상승 스프링 하강

◑ Pan높이: (접은 높이)280−(최저)530−(표준)1,000−(최고)1,380−(돌방)1,480mm

◑ 전차선 높이: (최저)4,750−(표준)5,200−(최고)5,400mm

◑ 틀조립체 + 알루미늄습판체2개×동습판4개=8(2열 2매) + 주축아래에 주스프링 2개
　(상승) + 작용실린더

◑ PanPS(Pan상승이 충분한 압력확보 후 MCB투입 위함)

2. EGS란?

(1) 작용

- ◑ 교류구간 전차선로장애, 검수작업 시 안전, 1량 동작 시 전량 Pan상승불능

(2) 회로

- ◑ Tc차: PanDN → EGCS → EGSR↑/EGSV↑ → EGS동작 → 단전(Pan하강 후에는 EGCS 복귀하기 전까지 전량 Pan상승불능)
- ◑ M차: EGCN → EGCS → EGSR↑/EGSV↑ → EGS동작 → 단전(Pan하강 후에는 EGCS 복귀하기 전까지 전량 Pan상승불능)

3. PT

(1) 작용

- ◑ 계기용변압기, DCVR(PT1차) / ACVR(PT2차)
- ◑ Pan상승시 항상 통전되어 전원종류 탐지하여 주회로 계통을 전압과 일치시킴

4. MCB:

(1) 작용

특고압회로의 개폐

- ◑ 교류구간: MT1차측 이후 고장 / 교류피뢰기 방전 시 부하전류 사고차단
- ◑ 직류구간: 부하전류 HB에서 차단 후 단순개폐

PanPS: 압력 약할 시 투입되지 않고 투입 후에도 압력 약할 시 MCB개방

- 4.2~4.7kg / 4.1~4.4kg

보조접점: 8a 8b

(2) 정상투입과 정상차단

- ◑ 정상투입: MCN → MCBCS → MCB-C여자 → MCB투입 → MCB-C소자(사고차단시 신속차단 위해 실린더 공기배기)
- ◑ 정상차단: MCN → MCBOS → MCB-T여자 → MCB차단(공기투입, 신속차단스프링 차단)

5. ADCg

(1) 구조

● 압축공기 조작식 단로기

(2) 회로

● (교류 → 직류) ADS → ADCg → MCB차단 → 8선가압

6. ACArr

(1) 회로

● (교류구간) 낙뢰/써지전압시 → MCB → ACArr방전 → 접지 → 변전소단전(ACArr방전−MCB투입시단전, EGS −Pan상승 시 단전)

7. DCArr

(1) 회로

● (직류구간) 써지전압, 교류모진, 4300v이상 → 방전 → CT2감지 → ArrOCR여자(차측백색등+THFL/Fault점등) → MCB차단

− TGIS: "AC1차 과전류"현시 (※"ArrOCR동작"현시없음)

8. MFs

(1) 작용

① 직류모진 ② 대전류유입으로 용손되어 MT보호(붕산분리, 용손시 적색단추 30mm돌출) ③ 교류구간 진입후 해당Unit SIV, CM구동불능 ④ MF용손되어도 다시 직류구간 진입 시 정상운행 ⑤ 완전부동취급

9. MT

(1) 회로

● 4호선 1차특고압25,000 − 2차주회로855×2 − 3차고압보조회로1,770 − 4차저압회로 229v(MTBM. MTOM)

◐ 과천선 1차특고압25,000 − 2차주회로840×2 ⇒ SIV ⇒ 440v(MTBM. MTOM)

10. ACOCR

(1) 회로

◐ MT1차측 과전류유입 → CT1감지 → ACOCR동작 → (MCBTR−0.5초) → MCB사고차단

11. AC Con Box

◐ 4호선 ⇒ ACVR. ACVRTR. DCVRTR. MCBTR. MCBR1.2.   MCBCOR. MCBOR1.2. MCBOAR. ADCm. AGR. GR. RSR

◐ 과천선 ⇒ ACVR. DCVR. ACVRTR. DCVRTR. MCBTR. MCBR1.2.3. MTAR. ArrOCR. ACOCR. MTOFTR. MTTHR

12. FL

(1) 작용

DC구간에서 고주파 리플전압제거(L−C회로)하여 인버터 동작을 안정적으로 하기 위해 설치, 전동송풍기에 의한 강제냉각

13. CT1

◐ 120A 이상 감지 시 → ACOCR동작 → MCB차단

14. CT2

◐ 교류모진 / 교류혼촉 시 → DCArr방전 → ArrOCR동작 → MCB차단

15. 주변환기: C/I

◐ 4호선: AC855×2 → 컨버터 → DC1650 → 인버터 → AC0~1250: DC1500 → 인버터 → AC0~1100

◐ 과천선: AC840×2 → 컨버터 → DC1800 → 인버터 → AC0~1100: DC1500 → 인버터

→ AC0~1100

16. ADCm

- ◑ 4호선: ADCm(교직전환기)
- ◑ 과천선: ADAR1.2

제2절 **4호선 회로**

1) 특고압회로

(1) 회로

- ◑ (AC): Pan → MCB → ADCg → MF → MT2차(855×2) → AK(CHRe2충전) → <u>K1/K2</u> → 컨버터 → 인버터 → 전동기
- ◑ (DC): Pan → MCB → ADCg → MS → HB1 → HB2 → LS(CHRe1충전) → FL → ADCm → 인버터 → 전동기

(2) 고압보조회로

- ◑ (AC): Pan → MCB → ADCg → MF → MT3차(1770v) → AF → ARf(1500v) → ADCm → IVF → IVK → SIV(380v) → CM
- ◑ (DC): Pan → MCB → ADCg → ADCm → IVF → IVK → SIV(380v) → CM

2) 직류모선 가압회로

(1) 회로

- ◑ Bat → BatkN1 → 제동핸들투입(S2) → BatK여자 → 103선가압(84v) → ACM구동 → Pan상승 → PanR → MCB투입 → SIV기동 → BCHN(100v)

(2) 기기의 작용

- ◑ BatkN1: Tc차에만 있음, 차단시 103선무가압, TGIS및표시등점등불, 축전지전압계0v현시, CIIL점등불, ATS초기설정불, ADU무현시
- ◑ PanR: Pan상승 후 BV취거해도 BatK계속여자로 103선 계속가압
- ◑ BCHN: SIV기동 후 Battery부동충전 유지

3) 운전실선택회로

(1) 작용

◗ 운전실선택 후 후부BV 투입해도 바뀌지 않음. ATS알람, ADU전원공급, 폐문 시 DOOR 점등, CIIL점등 전부HCR여자로 106선 가압되고 후부TCR여자(HCRN차단 시 제동핸들 투입하여도 운전실 선택되지 않음)

(2) ACM 구동회로

◗ ACM구동회로: M차 객실 의자밑 ACM, CM 공랭식, 직류직권전동기

◗ ACM공기: Pan, EGS, MCB, ADCg / ADCm

◗ ACMCS(7개) → ACMLP점등, ACMK1여자 → ACMK → ACM구동 → ACMG(6.5~7.5kg/ cm^2) → ACMK1소자 → ACM정지 → ACMLP소등

◗ 축전지전압 저하 시 ACM구동: 1. 4. 8호차중 1개 구동하고(나머지 4개 ACMN, ACMKN 차단) 순차적으로 기동

◗ Pan상승 → MCB투입 → AMAR여자: ① ACM자기유지차단(운행중 $6.5kg/cm^2$ 이하라도 ACM구동 안 함) ② SIV기동지령

4) Pan상승 및 하강회로

(1) 상승조건

◗ 상승조건: ① 전부운전실취급 ② MCB차단 ③ EGSR소자 ④ MSS투입 ⑤ MCBN2(DC) 투입

◗ (Tc차)ACMLP소등 → PanUS → PanR상승coil여자 → (M차)PanVN → MSS → PanV1.2 여자 → Pan상승

◗ Pan상승 후 MCB투입되면 AMAR(과천선 MCBR2)여자하여 ACMK자기유지 차단

※ Pan 상승하면 바로 연결되는 기기: MCB, PT, EGS

(2) Pan상승불능

◗ 전량: MCN, HCRN, 축전지전압, ACM충기, 전후부EPanDS, EGCS(AC구간)

◗ 일부: PanVN, Pancock, MCB, MS, MCBN2(DC구간)

※ 일부차량 Panto상승불능(CIIL점등), MCB투입 불능이면 해당차 완전부동 취급 후 1.4.8호 는 연장급전

※ 전체차량 Panto상승불능(CIIL점등), MCB투입불능이면 HCRN, MCN확인복귀

(3) Pan하강회로

(가) 회로

● PanDS, EPanDS 취급으로 MCB차단되거나, ACVR소자시 하강

① BatkN1 → PanDS

② PanDN → EPanDS

③ 직류구간MCBN2차단 → PanR하강coil여자 → PanV1.2소자 → Pan하강

(나) Pan하강불능 시

● 전부운전실 EPanDS복귀 불능시 전부 PanDN off후 후부에서 Pan상승 후 밀기운전
  (교직절연구간통과시 ADS절환)

● ADS취급시 1개의 MCB라도 차단불능이면 EPanDS취급
  이 경우 직류구간은 모든 M차 Pan이 즉시 차단하지만 교류구간은 해당차량이 절연구간
  진입하면 ACVR소자로 Pan하강

5) EGS동작회로

(1) 작용

● 교류구간 운행시 전차선 이상, 단선시 EGCS취급으로 변전소 HB차단되고 CIIL점등, 수
  동복귀 전까지 EGS(a)접점으로 자기유지

(2) 고장 시 조치

● EGS복귀불능시: Tc차 PanDN−off하고 해당M차 EGCN−off로 EGSV소자

● EGS용착시: ① 육안확인 ② 완전부동취급 ③ 1. 4. 8호는 연장급전

6) MCB투입 및 차단

(1) 투입

일제차단(신속차단스프링) 순차투입(공기):

● MCBCS → MCBHR(S) → MCBR1↑ → MCB−C↑ → MCB투입 → MCBR2↑ →
  MCB−C↓

① 103선가압

② 공기압력확보(ACM충기)

③ 전차선전원공급+Pan상승 = CIIL소등(PanPS1.2)

④ EpanDS+EGS정상

⑤ ADS가선일치

⑥ MCN, HCRN(103선가압), MCBN1(ACVRTR) / MCBN2(DCVRTR)

　　ADAN(ADCg, ADCm, MCBN1) / ADDN(ADCg, ADCm, MCBN2), MTOMN

(2) 교류

① MCBCS → MCBHR(S) → EPanDS → ADS → ADAN → MCBN1 → ADCg → ACVRTR → DCVRTR↓ → MCBCOR↓ → PanPS1.2 → MCBR1여자

② ADAN → ADCm → MCBOR1↓ → MCBOR2↓ → MCBR1 → HB1↓ → K1↓ → K2↓ → MCBR2↓ → MCB−C투입 → MCBR2여자 → MCB−C차단

(3) 직류

① MCBCS → MCBHR(S) → EPanDS → ADS → ADDN → MCBN2 → ADCg → ACVRTR↓ → DCVRTR　　　　→ PanPS1.2 → MCBR1여자

② ADDN → ADCm → MCBR1 → HB1↓ → K1↓ → K2↓ → MCBR2↓ → MCB−C투입 → MCBR2여자 → MCB−C차단

(4) MCB차단

(가) (정상차단)

◑ MCBR1소자 ⇒ MCBOS, EPanDS, PanDS, ADS, 해당차ADAN, ADDN차단, 단전 (ACVRTR, DCVRTR소자), PanPS1.2

◑ (교류)MCBOS → MCBHR(R) → MCBR1소자 →　　　　　　　MCB−T → MCB차단

◑ (직류)MCBOS → MCBHR(R) → MCBR1소자 → HB2차단 → MCB−T → MCB차단

※ 전차선단전, PanPS소자시 MCBR2가 여자되어 MCB재투입시 MCBos−cs취급

(나) (사고차단): 교류구간에만 적용!!

◑ ArrOCR: MCB차단불능으로 교류모진시 DCArr방전하여 CT2차검지하여 MCB차단하나 고착등 1개의 MCB라도 차단불능이면 EPanDS취급

◑ ADS는 자동절환하고 ADS고장시는 DCVRTR(b)거쳐 MCBR1소자로 MCB차단, 차측백색 등, THFL(fault등)점등

(a) MCBOR1

MCBOR1: 컨버터 2500A이상 → GCU → MCBOR동작 → MCBOR1↑

(b) MCBOR2

MCBOR2: ① MT1차 120A이상(20:1검지6A) → ACOCR동작 → (MCBTR) → MCBOR2↑

② GR동작 ③ AGR동작, AFR소자 ④ MTOMR여자 ⑤ ArrOCR동작

◐ MCBR2: Reset시까지 자기유지하고 고장원인 소거 후 MCB정상투입 위해 MCBOS취급하여 MCBR2소자시켜 재투입

◐ MCBTR: 운행중 써지유입시 MCB 즉시 차단하고 사구간통과, 기동시에는 0.5초 시한으로 MCB차단방지(ACVRTR: 전차선 순간 이선 차단방지)

◐ MCBCOR여자: MCB사고차단으로 VCOS취급시 여자하고 MCB−T소자하여 양호한 차량의 MCB재투입위해 설치(고장차 재투입방지)

◐ MCB차단불능 ⇒ MCBN1(교류), MCBN2(직류:Pan하강)차단시 MCB−T여자불능

◐ IVKR, DCVRTR(IVKR과 병렬연결) ⇒ 직류구간 IVK접촉불량시 MCB차단불능이면 Pan하강하거나 무가압구간 진입시 DCVRTR소자로 MCB차단

(5) MCB개방

◐ ACOCR, GR, AGR동작: 1차 Reset → MCBOS → MCBCS → 재차동작 → VCOS취급 → 연장급전(1, 4, 8)

◐ MTOMR여자: MTOMN수동복귀 → 복귀불능 → VCOS취급 → 연장급전(1, 4, 8)

◐ AFR소자: AF용손 → SIVMFR여자 → 해당Unit M차 MCB차단 → VCOS취급 → 연장급전
※ SIVMFR여자시 ASA+차측등 점등, THFR미점등

7) VCOS취급

(1) 작용

◐ VCOS취급으로 고장차 개방하면 Reset하여도 MCBCOR연동 개로 되어 해당M차 MCB는 투입이 안 됨

◐ VCOS취급으로 고장차 개방후 원인 소멸로 MCB재투입은 기동정지 후 BV취거(103선무가압) 또는 MCBN1off/on해야 MCBCOR소자로 MCB재투입가능

◐ Reset취급시: 차측등/THFL/ASF소등

◐ VCOS취급시: 차측등/THFL소등, VCOL점등

(2) SIVMFR여자시

◐ SIVMFR여자시: (1.4.8호)MCB차단 ⇒ VCOS취급 ⇒ (0.5.9호)차측등소등, (0.9호)THFL소등+ASF점등, (1.4.8호)차측등소등+THFL소등

◐ ① IVF용선 ② 온도상승 이상 ③ 입력전원 이상 ④ 충전계통고장 ⇒ 연장급전(ESPS) ⑤ AF용선 ⇒ 연장급전(ESPS), V

제3절 과천선 회로

1) 과천선 특고압회로

(1) 역행회로

- ◑ 교류역행: Pan → MCB → ADCg → MF → MT2차(AC840×2) → AK(CHRe2충전) → K → 컨버터 → 인버터 → 전동기
- ◑ 직류역행: Pan → MCB → ADCg → L1 → FL → L3(CHRe1충전) → L2 → 인버터 → 전동기

(2) 회생제동회로

- ◑ 교류제동: 전동기 → 인버터 → 컨버터 → K → MT → MF → ADCg → MCB → Pan
- ◑ 직류제동: 전동기 → 인버터 → L3 → L2 → FL → L1 → ADCg → MCB → Pan

2) 과천선 고압보조회로

(1) 교류

고압보조회로(교류M′): Pan → MCB → ADCg → MT2차(840v×2) → 컨버터(1800v) → L3 → ADd2(교류) → BF2 → SIV(440v) MTOM, MTBM, FLBFM, CIBM

(2) 직류

고압보조회로(직류M′): Pan → MCB → ADCg → L1 → ADd1(직류) → BF2 → SIV(440v) MTOM, MTBM, FLBFM, CIBM

3) 직류모선 가압회로

(1) 회로

- ◑ BV투입 → BatkN1, S2 → BatK여자 → 103선가압(84v) → ACM구동 → Pan상승 → PanR → MCB투입 → SIV기동 → BCN(100v)

(2) 기기의 작용

- ◑ BatkN1: Tc차에만 있음, 차단시 103선무가압, TGIS및표시등점등불, 축전지전압계0v현시, ATS초기설정불, ADU무현시
- ◑ PanR: Panto상승 후 BV취거해도 BatK계속여자로 103선 계속가압
- ◑ BCN: SIV기동 후 Battery부동 충전 유지

(3) Pan상승 시 단전

◑ Pan상승시 단전: SIV정지 → SIVk소자 → <u>PDARTR소자</u> → (3분 후) PDARTRtrip → PanR(O)여자 → PanVN소자 → Pan하강

(4) 운전실선택회로

◑ BV삽입 ⇒ ① 직류모선가압 ② ATS알람(ATS정상) ③ 운전실선택 MCBoff점등

4) ACM구동회로

(1) 회로

◑ ACMCS(5개) → ACMG → ACMK여자 → ACM구동 → Pan상승 → MCB투입 → MCBR2개방 → ACMK소자 → ACM정지

◑ Pan상승 → MCB투입 → MCBR2개방: ACM자기유지차단 (운행중6.5kg/cm^2 이하라도 ACM구동 안 함)

◑ 전량ACM구동불능: HCRN

5) Pan상승 및 하강회로

(1) Pan상승회로

[상승조건]

◑ Pan상승조건 ⇒ 103선제어전원, 운전실선택(HCR), MCNon, HCRNon, 전후부EGS정상 (AC), 전후부EPanDS정상, MCBoff, (각M′차)PanVNon

(2) Pan하강회로

[하강조건]

◑ Pan하강조건 ⇒ MCB차단, ACVR소자: PanDS / EPanDS → MCBoff → Pan하강 → MCB재투입방지

◑ 교류구간은 MCB차단 후 Pan하강하며 직류구간은 <u>ACVR(b)</u>연동으로 Pan하강하며 직류 구간 운행중 <u>MCBN2 off</u>시 해당차는 Pan하강된다.

◑ 102선 ⇒ BatkN1 ⇒ PanDS / 103선 ⇒ PanDN ⇒ EPanDS

6) EGS동작회로

◑ EGS: Tc차에서 취급(M′차cut)

◐ EGS동작 시 Pan상승하면 단전

◐ ACArr동작시 MCB투입하면 단전

7) MCB투입 및 차단회로

(1) MCB투입순서

① 103선가압

② 공기압력확보(ACM충기)

③ 전차선전원공급＋Pan상승(PanPS1.2)

④ EpanDS＋EGS정상

⑤ ADS가선일치(ACV.DCV점등)

⑥ MCN, HCRN(103선가압), MCBN1(ACVRTR) / MCBN2(DCVRTR)

ADAN(ADCg, ADCm, MCBN1) / ADDN(ADCg, ADCm, MCBN2), MTOMN, <u>CIN(M,M′차)</u>

⑦ 전후부 TESTsw정상

(2) MCB교직류회로

(가) MCB교류회로

① MCBCS → MCBHR(C) → EPanDS → ADS → ADAN → MCBN1 → ADAR1 → ACVRTR → DCVRTR↓ → PanPS → <u>UCORR↓ → MTAR↓</u> → MCBR1여자

② ADAN → ADCg → L1 → MCBOR(상시여자) → SqR2↓ → K → MCBR1 → MCBR2↓ → MCB−C투입 → MCBR2여자 → MCB−C차단

※ Unit 및 주변압기 이상 없는 조건(<u>UCORR↓ → MTAR↓</u>)

(나) MCB직류회로

① MCBCS → MCBHR(C) → EPanDS → ADS → ADDN → MCBN2 → ADDR1 → ACVRTR↓ → DCVRTR → PanPS → UCORR↓ → MTAR↓ → MCBR1여자

② ADDN → ADCg → L1 → MCBOR → SqR2↓ → K → MCBR1 → MCBR2↓ → MCB−C투입 → MCBR2여자 → MCB−C차단

(3) MCB차단

(가) 정상차단

◐ MCBR1소자 ⇒ MCBOS, EPanDS, PanDS, ADS, ADAN차단, ADDN차단, <u>단전(ACVRTR, DCVRTR소자)</u>, PanPS1.2

◑ (교류)MCBOS → MCBHR(O) → MCBR1소자 →   MCB−T → MCB차단

◑ (직류)MCBOS → MCBHR(O) → MCBR1소자 → L1차단 → MCB−T → MCB차단

PS) 운행중 MCBN1차단시 MCBR1소자하나 MCB차단 못함

(나) 사고차단

[ACOCR 동작 시]

◑ ACOCR동작 ⇒ CT1에서 120A검지시 MCB개방, 사구간통과시 MCBTR(0.5초) 때문에 MCB차단 안 되나 정상운행중 써지전류로 MCB차단

◑ ArrOCR동작 ⇒ 직−교사구간 진입시 ADS미취급시 DCVRTR로 MCB자동차단되나 MCB고착이면 DCArr방전, CT2검지하여 ArrOCR여자로 MCB차단

◑ 교−직절연구간 진입 시 MCB진공파괴로 DCArr방전하면 (변전소 HSCB차단), CT2검지하여 ArrOCR여자로 MCB차단

[MCB 소자]

◑MCBOR소자 ⇒ 주변환기(C/I)중고장: 2차과부하, 2차접지, GTO Arm단락

⇒ M 차: MCBOR소자시만 MCB차단

⇒ M`차: MCBOR과 관계없이 MTAR동작으로 MCB차단

[MCBR2]

◑ 자기유지 해방 필요: 사고차단, 전차선단전 후 급전 ⇒ MCBOS취급후 MCBCS취급해야 MCB투입

◑ 자기유지 해방 불필요: (정상차단) MCBOS, PanDS, EPanDS, MCNoff−on

[COR2여자]

◑ COR2여자: MCB사고차단으로 VCOS취급시 여자하여 MCB−T소자하여 양호한 차량의 MCB재투입위해 설치(고장차 재투입방지)

(4) 운전실 교환

◑ 구운전실역전기off → 구운전실MCBHRon → 신운전실BV투입 → ADS확인 → MCBCS(신, 구운전실 모두 7,8선가압상태) → 역전기취급(신운전실 2선가압으로 신운전실MCBHRon, 구운전실MCBHRoff) → 역행

※ 종착역 도착 후 운전실 교환중 전차선 단전−급전시는 역전기 핸들을 삽입 진행방향으로 이동후 MCBCS취급

(5) 모진보호

● ADS미취급 → ACVR(ACVRTR)/DCVR(DCVRTR) → MCBR1소자 → MCB차단

● MCB고착 → MFS용손 / (DCArr방전)ArrOCR → MCB차단

● 교류구간(M˘) MCBN1차단 → MFS용손 / (DCArr방전)ArrOCR → MCB차단

(6) MCB절연불량 모진

(가) 직류모진 시

● 직류타행구간 ADS절환 → 직류모진으로

MFS용손 → 교류구간운행 → 교류타행구간ADS절환 → 교류모진으로 DCArr방전 → ArrOCR → 단전

① MFS용손: 교류구간 진입 후 전동차 출력과 SIV가동여부로 확인

② 단전: 즉시 EPanDS취급

[AC ⇒ 절연구간66m ⇒ DC]

① 절연구간통과시 MCB차단 후 Pan하강해야 하는데

② 1개의 MCB라도 차단불량시 즉시 EPanDS취급하고,

③ 절연구간66m를 Pan하강시간(5±1초)고려 (타력)적정속도로 통과해야 절연구간에서 ACVR소자로 MCB차단과 관계없이 하강되며

④ DC구간에서 PanUS, MCBCS취급으로 MCB투입하면 MCB투입하면 MCB고장차를 제외한 정상M차가 정상출력한다.

⑤ 그러나 EPanDS취급하지 않고 절연구간 이전(아직 교류구간)에서 ADS절환하면 절환순간 DCArr동작, ArrOCR동작, 단전, THFL, ASiLP점등

[DC ⇒ 절연구간66m ⇒ AC]

① MCB차단 안 되고 계속 투입상태이면 ADS절환순간 MF용손,

② AC구간 진입 후 MCB는 계속 투입상태를 유지하나 이미 MF용손으로 SIV, CM구동 불능이고(해당 M차 완전부동취급) 교류구간은 4/5출력운행하고

③ 다시 DC구간 진입하려고 ADS절환순간 (아직 교류구간) DCArr동작, ArrOCR동작, 단전, THFL, ASiLP점등

8) 절연구간검지

① **교-교**: ATS지상자 68kHZ수신하면 50초간 절연구간접근 방송하고 회생제동 금지

② ATC → ATS: ATS지상자 R0수신하면 CgSR동작으로 부저와 음성안내하면 제동4스텝이상 취급후 절환(열차정지신호/비상제동체결시도 ATS절환가능)

③ ATS → ATC: CNSR여자하면 부저와 음성안내

제6장

특고압 장치 기능과
고장 시 조치 방법 해설

제6장

특고압 장치 기능과
고장 시 조치 방법 해설

특고압 기기

1. 특고압 기기

1) 비상접지스위치(EGS Emergency Ground Switch)란?

① 비상접지스위치(EGS)는 교류구간 운행 중 전차선이 단전되거나, 전차선이 늘어져서 위험한 것을 발견한 경우 취급하는 스위치로서

② EGCS를 취급하면 전 차량 EGS의 동작으로 가선과 차체 간을 접지시켜

③ 변전소의 HD(High-Speed Breaker)를 차단하여 가선을 단전시켜 사고의 확대를 방지한다.

2) EGS의 동작회로와 과정은?

① 운전실에서 EGS를 취급하면 EGSV 전자변이 여자한다.

② EGSV 전자변이 여자하면 EGS실린더에 공기가 유입되어 EGS가 동작한다.

③ 회로에서 DCVR(b)연동, ADCm 교류위치, ACVR(a)연동을 삽입한 이유는 교류구간에서만 동작하도록 한 것이고,

④ EGS(a)연동은 한번 취급하게 되면 단전이 되므로 자기유지회로를 삽입한 것이다.

3) 주변압기(MT) 냉각기 고장 시 조치는?

(1) 현상

① 모니터에 "주변압기 온도 이상발생"현시

② MT온도 100도에서 역행 회생차단

(2) 조치

① 고장 확인 후 그대로 운전하면 온도 강하 시 자동복귀된다.

② 고장차 MTN확인 후 MT흡입여과망 이물질 확인, 제거한다.

(3) MT온도 100도 이상시 조치는?

① MTOMN, MTBMN 확인

② 공기흡입여과망 이물질 확인한다.

4) L1(Line Breaker: 차단기)차단 시 현상 및 조치는?

(1) 원인

① DC구간 운전 중 1,600A 이상의 과전류 발생 시(복귀가능)

② 주변환기(C/I) GTO Arm 단락 시(복귀불능)

(2) 현상

① 모니터에 "L1차단 동작"현시

② 차측 백색등, FAULT등, HSCB등(고속차단기 고장표시등) 점등

(3) 조치

① 고장차 확인

② MCBOS → RS(Reset Switch) → 3초 후 MCBOS(RS는 FAULT 소등 시까지 누른다. L1코
일에 들어가 있는 공기가 완전히 배출되어야 L1이 복귀된다)

③ Pan하강, BC핸들 취거, 10초 후 재기동

④ M´차인 경우: MCBOS → VCOS → RS → 3초 후MCBCS

⑤ M´차인 경우: 연장급선 후 MCBOS → VCOS → RS → 3초 후 MCBCS

⑥ 복귀불능 시 M´차 완전 부동 취급 후 연장급전

5) 주휴즈(Main Fuse: MFS)는 어떤 역할을 하고 작동하는가?

① 주변압기(MT)를 보호할 목적으로 설치된 기기

② 주변압기(MT) 1차측에 큰 전류가 흘러들어올 경우 용손되어 주변압기보호하는 기기

③ 교류상태로 직류구간으로 진입한 경우(직류모진 시)

④ 무가압구간에서 주차단기(MCB)가 차단되어야 하나

⑤ 기계적인 고장 등으로 차단되지 않을 경우 주변압기 보호를 위해 주휴즈(MFs)가 용손되어 주변압기 및 기타의 기기를 보호하는 기기

⑥ 직류모진시 MCB가 차단되지 않으면 DC1, 500V의 대전류가 주변압기에 흘러 주변압기가 소손되기 전에 주휴주가 용손되어 주변압기 및 기타 기기를 보호

6) 계기용 변압기(PT: Potential Transformer)는 어떤 역할을 하는가?

① 교류인지 직류인지를 구분하여 주회로 제어에 반영할 수 있는 계기용(Relay) 변압기가 필요하다.

② 교직겸용차라고 할 때 AC인지 DC를 탐지 제어회로에 보내준다.

③ 교류구간에서는 AC25KV를 AC100V로 강압하여 교류전압계전기(ACVR(Voltage Relay)를 동작시킨다.

④ 직류구간에서는 저항을 이용하여 전압을 강하하여 직류전압계전기(DCVR)를 동작시킨다.

7) 교류피뢰기(ACArr(AC Arrester)는 어떤 역할을 하나?

① 교류구간 운행 중 낙뢰 전압(Serge) 유입 시 전차선 전원을 단전시킨다(개로 한다).

② 외부로부터 급상승 전압(Serge) 유입 시 주회로를 보호하는 기기이다.

③ 모든 ADV 전기동차에는 주회로 과전압 유입에 대한 보호장치로 교류피뢰기(AC Arrester)와 직류피뢰기(DC Arrester)가 있다.

④ 이 보호 장치는 Pan이 장착된 차량 지붕 위에 있다.

⑤ 교류피뢰기와 직류피뢰기는 아크 취소 장치가 없기 때문에 동작할 때 큰 소음이 발생하고, 한 번 작동하면 용착되어 복귀가 되지 않는다.

⑥ 이렇게 동작 후 복귀되지 않으면 MCB를 투입할 때마다 전차선 단전 현상이 발생된다.

8) 직류피뢰기(DC Arrester: DCArr)는 무엇이고 어떤 역할을 하나?

① 직류구간 운행 중 외부로부터 차량기기에 진입하는 급상승 전압(Serge)을 흡수하여 차량을 보호한다.

② 교류구간 모진 시(허용되지 않은 구간을 진입한 것)에는 절연이 파괴되어 변류기(CT2)를 통해 방전전류를 검지, MCB를 사고차단하여 주회로를 보호하고 동시에 전차선 전원을

차단하는 기기이다.

③ 직류피뢰기의 동작은 외부 써지(serge)에 의한 것보다는 주로 교류모진에 의해서 방전된다.

9) 교류과전류 계전기(ACOCR: A.C. Over Current Relay)란?

① 주 변압기 1차측(주변압기 입력전원)으로 과전류가 들어올 때 주차단기(MCB)를 차단시켜 주변압기(MT)를 보호하는 기기이다(참고로 MT에서 주변환장치로 들어가는 회로를 2차측 회로).

② 전차선과 팬터그래프의 사이가 차량진동 등으로 인하여 순간적으로 이격되거나 차량 이동 중 주차단기가 투입되는 순간에 급상승 전류(Serge)가 들어올 때에도 과전류계전기가 동작할 수 있다.

③ 제어회로상에 주차단기용 시한계전기(MCBTR)의 작용으로 일정 시한(약0.5초) 정도의 써지(serge)에서는 주차단기가 차단되지 않도록 한다.

10) 주변압기(Main Transformer: MT)란 어떤 역할을 하는가?

① 1차측(특고압 구간)으로 들어온 전압을 강압시켜 2차측, 3차측회로에 급전하는 기능을 한다.

② 교류구간에서 전차선에 공급된 AC25KV를 840VX2로 조정하여 주변환기 컨버터에 공급한다.

③ MT는 교류구간에서만 동작한다.

④ 직류구간에서는 변압기가 동작을 하지 않는다.

11) 필터 리엑터(FL: Filter Reactor)는 무엇인가?

① 주 회로의 고조파 성분을 제거하고 전차선의 이상 충격 전압을 흡수하여

② 주변환기의 링크부에 이상 전압이 인가되는 것을 방지하여 인버터 작동을 양호하게 해주는 기기이다.

③ 전동차가 DC 1,500V 가선 전압을 받는 DC 구간에서 운행될 때 입력전압에는 많은 고조파 전압성분(리플전압)이 포함되어 있다.

④ 필터 리엑터는 후단에 연결된 필터 캐패시터와 L-C 필터를 구성하여 DC구간 운행 중 전차선으로 공급되는 고조파 성분(Ripple)을 제거해 준다.

12) 변류기(CT: Current Transformer) (전류를 변환시키는 장치)란 어떤 역할을 하나?

(1) 과전류 보호용 변류기(CT1):

　① 주변압기 1차측에 과전류 발생 시 과전류계전기(ACOCR)를 동작시켜

　② 주차단기(MCB)를 개방한다(전류를 조금 다운시킨 다음에 ACOCR을 동작시킨다).

(2) 모진 보호용 변류기(CT2):

　① 직류구간 운행 중 전차선에 교류 25KV가 혼촉되거나 교류 모진 시에 동작하여 피뢰기
　　과전류계전기(ArrOCR)를 동작시켜

　② MCB를 차단시킨다(기관사의 실념으로 DC로 바꾸지 않았을 경우).

13) 주변환기(C/I or MC: Main Converter)의 주요한 역할은 무엇인가?

　① 컨버터와 인버터를 합친 것으로 교류구간에서는 컨버터와 인버터 모두 구동되고,

　② 직류구간에서는 교직절환기(ADCg)에 의해 인버터만 동작된다.

　③ 주변환기 기기는 M차, M′차에 설치되며 각각 4대의 병렬 제어한다.

14) 4호선과 과천선에 공급되는 전원을 비교해 보자.

(1) 4호선 VVVF전동차

　① CONVERTER: AC 25,000V ⇒ AC 855V× 2(MT) ⇒ DC 1,650V

　② INVERTER: DC 1,650V ⇒ AC 0~1,100V , 0~160Hz⇒ 견인 전동기에 전원공급

(2) 과천선 VVVF전기동차

　① CONVERTER: AC 25,000V ⇒ AC 840V× 2(MT) ⇒ DC 1,800

　② INVERTER: DC 1,800V ⇒ AC 0~1,100V, 0~200Hz⇒ 견인전동기에 전원 공급

제2절　특고압 장치

1. 기동순서와 역행불능 시

1) 특고압 회로란 무엇인가?

　-Pan에서 주변환장치 전까지 AC25KV로 가압되는 회로를 말한다.

2) 기동순서는?

　① 제동핸들 삽입 → 103선 가압(직류모선 가압)

　② ACM구동(ACMCS취급) → 최초 기동에 필요한 압력공기 생성

　③ Pan상승(PanUS취급) → 전차선 전원 수전(전원표시등 점등 ACV DCV)

　MCB투입(MCBCS) → 전동차 내 전원공급(MCB ON점등)

3) 역행불능 시 조치사항은?

　① 전후진 제어기 전후진 위치 확인

　② MCB투입 및 DOOR등 점등확인

　③ 제동제어기 완해위치에서 2~3초간 역행 취급

　④ 전부운전실 PBPS확인

　⑤ ATS, ATC관련 회로차단기 확인(ATCN, ATCPSN, ATSN1)

　⑥ ATCCOS취급(ATS 및 ATC구간 모두 해당)

　⑦ 후부운전실에서 취급(1량 역행 블능 시 구동차 CN1, CN3확인)

4) 피뢰기 동작 시 어떤 조치를 하나?

(1) 현상

　① ACArr, DCArr 동작으로 MCB차단되고

　② 전차선 단전되고

　③ 해당차 차측 백색등 고장표시등(FAULT)이 점등된다.

(2) 조치

　① 승객 제보 및 차측 백색등으로 피뢰기 동작상태를 확인 후

　② 해당 차 완전부동 취급하고 연장급전한다.

5) ACArr은 언제 동작하나?

　① 교류구간 운전 중 낙뢰등 써지가 들어 왔을 때 전차선을 단전시키고

　② 즉시 방전시켜 기기를 보호한다.

2. 팬터그래프(Pantograph)

1) 전체 Pan 상승 불능 시 조치사항

① 축전지 전압 74V 이상 확인

② MCB차단 여부

③ 전부차 MCN, HCRN 차단여부 확인

④ ACM충기 여부 확인

⑤ 전,후부 TC차 EpanDS, EGCS동작확인

⑥ 후부운전실에서 취급하여 볼 것

2) 일부 차량 Pan 상승 불능 시의 확인 사항

① PanVN 차단확인

② MCBN2 차단확인(DC구간)

③ Pan Cock 차단여부 확인

④ MS(Main Disconnecting Switch: 주단로기) 취급여부 확인(MSS접점)

⑤ MCB 차단상태 확인

3) 1개 유니트 1개 Pan 상승 불능시 현상 및 조치는?

(1) 현상

① MCB ON(PanPS 이후 코크) 또는 MCB양소등(PanVN 이전 코크)

② 모니터 Pan상승표시

(2) 조치

① M'차 객실 의자 밑 Pan코크 2개 확인

4) DC구간 운전 중 1개 유니트 Pan하강 조치는? (MCB양소등)

① MCBN2

② PanVN을 확인 후 복귀한다.

5) EGCS, EpanDS 복귀블능 시 조치사항

① EpanDS: TC 운전실 PanDN OFF 후 추진 운전

② EGCS: TC 운전실 PanDN OFF후 전도 운전

6) Pan 파손 시 조치는?

　① 파손 상태 확인 후 관제실에 보고하고

　② 해당 차량 완전 부동취급을 한다(회송).

3. EGS(Emergency Ground Switch)

1) EGS 취급시기는?

　① 운행중 전차선로 장애발생으로 전차선을 급히 단전시킬 필요가 있을 때

　② 검수작업시(작업의 안전을 확보하기 위해 접지시킨다).

2) DC구간에서 EGCS를 취급하면 어떻게 되나?

　－ DC구간에서는 EGS가 동작하지 않는다.

3) EpanDS취급시기는?

　① 전동차 운전 중 또는 작업 중에 급히 PAN을 하강시킬 필요가 있을 때 취급

　② 교류모진시 및 직류모진시 취급

　③ MCB절연파괴시, MCB기계적 고착시, MCB양소등시 취급

　④ MCB ON등 점등시 취급

　⑤ EGS동작시 취급

4) EGS동작 시 현상 및 조치는?

(1) 현상

　① PAN상승 상태에서 MCB투입과 관계없이 전차선이 단전된다.

　② EGS용착시 급전순간 단전된다.

　EGCS동작시 PAN상승 불능이다.

(2) 조치

　① 즉시 EpanDS를 취급한다.

　② 복귀하고 전, 후 운전실 EGCS를 확인한다.

③ 동작된 EGCS를 복귀하고 PAN을 상승시킨다.

④ EGS용착시 해당 M'차는 완전부동취급하고 연장급전한다.

5) EpanDS 취급시 현상은?

 － MCB가 차단되고 PAN이 하강한다.

6) 운전실 배전반에 PanDN이 트립되면 어떻게 될까?

 － EGCS 와 EpanDS스위치가 작동불능이 된다(EpanDS취급시 MCB만 차단된다).

7) 전차선에 장애발생시 조치는?

 － 즉시 EpanDS를 취급한다.

8) EGCS 와 EpanDS의 차이점은?

① EGCS는 전차선을 급히 단전시킬 필요가 있거나 검수시에 사용하고

② EpanDS는 급히 PAN을 하강할 필요가 있을 때 사용한다.

9) EGCS 와 EpanDS 고착 시 차이점은?

① EGCS고착시는 PanDN OFF 하고 전부운전실에서 운전하고

② EpanDS고착시는 PanDN OFF하고 후부운전실에서 운전한다(MCB투입불가).

 (분당선은 1인 승무로 후방감시불가하다. 바로 구원조치＝추진운전불가)

10) 운행 중 전차선이 늘어나 차체에 닿으려고 할 때의 조치는?

① 즉시 EGCS 취급한다.

② 전차선이 차체에 닿으면 기기손상 때문에 단전을 시켜야 한다.

 (EPanDS보다 EGCS가 우선)

11) 비상부저 동작시 확인방법은?

① 모니터에 비상부저 동작차량이 현시된다.

② 해당차 등황색차측등이 점등된다.

[교류모진 및 직류모진]

1) 교류모진

　　① AC25KV가 DC1500V로 인입되어 → DCAr을 동작하여 → 전차선을 단전시키고 →

　　② CT2에서 교류전원을 검지하여 → ArrOCR 동작시켜 MCB를 차단하는 것

2) 직류모진

　　① 직류구간에서 직류 대전류가 주변압기 1차측으로 들어와

　　② 주휴즈(MFs)가 용손되는 것

[완전부동 취급시기]

　　① Pan 파손 및 집전장치 고장시

　　② 피뢰기(ACArr, DCArr)동작시

　　③ 주휴즈 용손시

　　④ 비상접지스위치 용착시

　　⑤ 디젤구원기

　　⑥ 기타 필요시(L1차단 동작 발생시/절연구간 통과시 MCB기계적 고착/M′차 MR관 파손시)

4. MCB

1) MCB가 무엇인가?

　　– 주회로 차단기이다.

　　– 특고압회로에 이상 발생시 신속히 차단하여 주회로를 보호하는 역할(AC구간)을 한다.

　　– 교류구간에서는 사고차단, 개폐작용을 하며 직류구간에서는 개폐작용만 한다.

2) 전체 MCB 투입 불능 시 현상 및 조치는?

(1) **현상**: MCB OFF등 점등,, SIV소등

(2) **조치**:

　　① Pan상승확인(단전확인)

　　② MCBCS 취급하여 MCBHR 동작음 확인

　　③ 교직절환기(ADS) 정위치 확인

④ 전후부 EpanDS및 TEST스위치, MCN, HCRN확인

⑤ 주공기(MR)입력확인

⑥ 후부운전실에서 취급

3) 1개 유니트 MCB투입불능 시 현상 및 조치는?

(1) 현상: MCB 양소등, SIV등 점등

(2) 조치

① M′차 M차 의자 밑 콕크 확인(PanV이전코크)

② ADAN, ADDN, MCBN1, MCBN2 ,MTOMN, MTBMN확인

③ M차 M차′ CIN확인

④ M′차 차체하부 MCB공기관 콕크 확인

4) MCBN1, MCBN2 연동접점이란?

① MCBN1, MCBN2가 트립된 경우 MCB차단회로 또는 ACVRTR, DCVRTR회로가 구성되지 않았을 때

② MCB투입회로가 구성되지 않게 하기 위해서이다.

5) MCB투입조건은?

① 직류모선 가압

② 운전실 선택회로 구성

③ 공기압력확보(ACM충기)(ACM Lamp소등)

④ 전차선 전원공급 및 Pan상승: CIIL소등(Catenary Interrupt Indicating Lamp: 전차선 정전표시등)

⑤ EpanDS정상위치 및 EGCS 정상위치(AC구간)

⑥ ADS위치와 전차선 전압 일치

⑦ 관계차단기 정상: MCN, HCRN, MCB1,2, ADAN(ADDN), MTOMN

6) MCN1, MCBN2와 MCB차단

① MCB의 차단작용은 MCB-T코일의 여자로 이루어지므로

② MCB가 투입되고 나서 MCN1, MCBN2가 차단될 경우에는 MCB가 차단되지 못한다.

7) MCB정상차단은 어느 경우에 무엇으로 하나?

① MCBOS취급 시: MCBHR차단 코일 여자로 MCBR1무여자

② EpanDS, PanDS: 109선 가압에 의한 MCBHR차단코일 여자 → MCBR1무여자

③ ADS 절환시: 7,8선 무가압으로 MCBR1무여자

④ ADAN, ADDN 차단 시: MCBR1 무여자

8) MCB사고차단은 어느 경우에 무엇으로 하나?

① ACOCR 동작 시: MCBOR2 여자로 MCB사고차단

② MTOMR 여자시: MTOMR여자시켜 MCB 사고차단

③ AFR무여자시: MT3차 측 SIV입력용 AF(Aux. Fuse)가 용손 → AFR이 무여자 → MCBOR2여자로 → MCB사고차단

④ GR여자시: C/I Case외부 단자의 누설전압 검지 시 GR동작되어 MCB사고차단

⑤ AGR여자시: 주변압기 3차 측에 누설 전류 검지하여 MCBOR2를 여자 → MCB사고차단 (AGR(Ground Relay for Aux. Circuit): 보조회로접지 계전기)

⑥ ArrOCR동작 시: 직교(DC → AC)절연구간 진입 전 ADS고장이나 실념으로 ADS전환되지 않아도 → 절연구간 진입 → DCVRTR연동의 개방 → MCBR1 무여자 → MCB차단

9) MCB 사고차단의 종류는?

① ACOCR: 주변압기 1차측 과전류 시 CT1에서 검지하여 ACOCR동작시켜 MCB차단한다.

② ArrOCR: 교류모진 시나 MCB절연 파괴 시에 DCArr을 동작시켜 CT2에서 검지하여 ArrCOR을 동작시켜 MCB를 차단한다.

③ MCBOR: 주변환기(C/I)고장 시 MCB를 차단한다.

10) MCBR1, MCBR2의 역할은?

(1) MCBR1:

－ ACOCR 등 문제 발생 시 자동으로 MCB차단한다.

(2) MCBR2:

① MCB－C코일이 여자되면 공기가 충기되고 → MCB가투입되어 전차선에 연결된다.

② MCBR2가 여자되면 → MCB－C코일을 무여자시켜 → 공기를 빼버린다.

③ 공기가 배출되어 작용피스톤이 하강되면 다음의 차단작용을 신속하게 할 수 있도록 한다.

④ MCBR2는 MCB가 사고차단 시 자동재투입 방지용이다.

11) 4호선 전기동차 MCB사고차단 조건

(1) MCBOR1 여자:

- 컨버터에서 2,500A 이상 과전류 시

(2) MCBOR2 여자:

① ACOCR, MTOMR, GR, AGR, ArrOCR, 여자시

② AFR, 소자시

12) MCB 투입과 차단 시 각각 전자변(코일)이 여자되어 일어나는 현상은?

① MCB투입코일(MCB−C) 여자: 압력공기는 전자변을 지나 → 증폭실린더를 커쳐 증폭되어 → 작용실린더에 들어가 → 작용피스톤을 들어올려 → 레버가상승한다 → MCB투입

② MCB차단코일(MCB−T) 여자: MCB−T여자 → Trip Lever가 회전하여 → 지지레버를 풀어준다 → MCB차단

13) 평상시 MCB 차단 동작은 어떤 과정을 거치나?

① MCBOS(Open Switch): 주회로차단기 개방스위치 취급(7,8선 무가압)

② MCBR1 무여자

③ MCB−T코일 여자

④ MCB차단

14) 교류과전류 1차 발생시 조치는?

(1) 현상

- 모니터 "AC과전류 1차" 현시, MCB차단

- 해당차 차측백색등 점등, FAULT등 점등

(2) 조치

- 고장차 확인 후 MCBOS−RS−3초 후 MCBCS 취급한다.

- 복귀불능 시 Pan하강, BC핸들 취거, 10초 후 재기동

- 재차 발생 시 완전부동 취급 후 연장급선한다.

15) MCBN1트립 시 현상은?

- MCB 차단회로 구성이 안되며 교직절연구간에서 ADS절환취급 시 MCB양소등 현상이 발생한다.

16) MCBN2 트립 시 현상은?

- 직류구간에서 Pan하강회로를 구성하여 Pan을 하강시킨다(직류구간에서 MCBN2가 차단되면 MCB-T코일의 여자 전원이 없어 MCB를 차단하지 못한다. 결과적으로 Pan을 하강시킨다).

17) MCB ON등 MCB OFF등 소등 시는?

- 출력에 이상이 없을 때는 후부Tc차 표시등회로차단기(PLPN)를 확인하고 전구 절손을 확인한다.

18) MCBCS(투입스위치) 투입하면 어떤 현상이 일어나나?

① MCBCS 투입
② MCBHR(ACVRTR, DCVRTR여자)
③ MCBR1
④ MCB C코일(투입코일) 여자
⑤ MCB투입
⑥ MCBR2 여자
⑦ MCB코일 무여자

19) MCB차단회로는?

① MCBOS
② 7, 8선 차단
③ MCBR1무여자
④ MCB-T(MCB차단코일) 코일 여자
⑤ MCB차단

20) MCBCS WORLEHDTL 시간적 여유를 두는 것은?

- RS취급 후 3초 후 MCBCS → 리셋신호 입력 시에 CPU및 DSP초기설정 시간이 필요하기 때문이다.
- 10초 후 재기동 → OVCRf(Over Voltage Discharging Thyrister: 과전압방전사이리스터) 점호 및 게이트 전원 고장 후 5초간 기기의 손상을 방지하기 위하여
- 주회로의 충전을 차단하기 위해서이다.

21) MCBHR(Main Circuit Breaker Holding Relay)계전기의 역할은?

① MCBHR계전기는 투입코일(S)과 차단코일(R)이 일체로 되어 있어 투입코일이나 차단코일이 여자되면
② 반대쪽의 코일이 여자될 때까지 접점을 유지하는 Keep Relay로 되어 있다.

22) MCB양소등시 재투입은 어떻게 하나?

- MCBOS - MCBCS 취급한다(MCBR2 무여자).

5. ACOCR과 ArrOCR

1) ACOCR은 어떻게 동작하나?

① 주변압기 1차측 과전류 발생 시 변류기(CT1) DPTJ과전류를 검지하여
② ACOCR을 동작시켜 MCB를 차단하며
③ 차측백색등, FAULT등을 점등시킨다.

2) ACOCR동작 시 MCBTR지연시간은?

- 0.5초(MCB투입 시 순간적인 과전류로 MCB차단을 방지)

3) ArrOCR은 어떻게 동작하나?

① 교류모진 시나 MCB 절연 파괴 시에 DCArr가 단전시키고
② 방전전류를 통해 변류기(CT2)에서 교류전원을 검지하여 ArrOCR을 여자하여
③ 기기를 보호하고 차측백색등, FAULT등을 여자시킨다.

4) ACArr은 언제 동작하나?

  ① 교류구간을 운전중 낙뢰 등 써지가 들어왔을때 전차선을 단전시키고

  ② 즉시 방전시켜 기기를 보호한다.

  ③ ACArr동작시 완전부동취급 연장급전한다.

6. 교직절환

1) 직류절환 순간 단전(AC등 소등)시 현상 및 조치(MCB절연불량, 직류피뢰기 동작)

(1) 현상

  ① 모니터에 AC과전류(1차)현시

  ② DCArr이 동작하여 전차선 단전으로 AC등 소등, MCB OFF등 점등

  ③ M′차 차측 백색등, FAULT 점등

(2) 조치

  ① 즉시 EpanDS취급

  ② 최근정거장 도착 후 EPanDS 복귀

  ③ DC → AC:주휴즈 용손차량 완전 부동 취급, 연장급선

2) 교직절환 순간 일어나는 현상은?

  ① MCB양소등: 기계적 고착 및 MCBN1 트립

  ② 전차선 단전(ACV등) 또는 교류구간 진입 후 MCB양소등: MCB절연불량

  ③ MCB ON등 계속 점등: 후부 운전실에서 계속적으로 MCB투입

  ④ 2선 단선, HCR2(b)접점 불량, MCBHR Trip코일 불량

3) 직류절환 순간 MCB양소등 발생 시 원인 및 제거(MCB기계적 고착, MCBN1트립)

(1) 원인

  ① 기계적 고착

  ② MCBN1트립

(2) 조치

  ① 즉시 EpanDS취급

  ② AC → DC: 40km/h이하 운전/DC → AC: 그대로 운전

③ 최근 정거장 도착 후 EpanDS복귀

④ MCB차단 불능차 MCBN1을 확인 후 이상 없을 시 완전부동취급, 연장급전

4) 교직절환 순간 MCB ON등 점등 시 조치

① 즉시 EpanDS취급

② AC → DC: 40km/h 이하 운전/DC → AC: 그대로 운전

③ 초근 역 도착 후 EpanDS복귀, Pan상승, MCB 투입 후 전도운전

7. 교직절연구간

1) MCB양소등 시 재투입은 어떻게 하나?

① MCBOS(MCB차단기 개방스위치)

② MCBCS(MCB Close Switch)MCB투입스위치 취급(MCBR2무여자)

2) 교교절연구간의 통과 속도는?

① 35km/h 이상

② 35km/h 이하 통과 시ACVRTR 에 의해 MCB차단

3) ADS절환하지 않고 교직절연구간을 통과 시 최근역에 도착한 후 조치는?

① ADS를 해당구간 전원(AC, DC)위치로 절환한다.

② MCB는 자동으로 투입된다.

4) 교직절연구간(AC → DC)의 통과속도는?

– 40km/h 이하(Pan하강 시간 때문에)

5) 교직절연구간을 통과 시 운전 취급은?

① 타행표지전방에서 역행핸들을 OFF하고 회생제동을 차단한다.

② 절연구간 표지 전방에서 교직절환스위치(ADS)를 취급한다.

③ 전원표시등(AC, DC), MCB ON, MCB OFF등을 확인한다.

④ 역행표지 통과 후 회생제동 개방스위치를 복귀하고 역행운전한다.

6) DCArr는 어떤 작용을 하나?

　① 교류모진 시나 MCB절연파괴 시 MCB를 사고차단하여 기기를 보호하고

　② 동시에 전차선을 차단한다.

7) DCArr에서 방전전류는?

　① 변류기(CT2)에서 검지하여 ArrOCR을 여자시켜 MCB를 차단하고

　② 차측백색등, 고장표시등(FAULT)을 점등시킨다.

8) ACVRTR, DCVRTR의 지연시간은?

　– 1초이다.

9) ACVRTR, DCVRTR 시한계전기를 둔 이유는?

　– 절연구간 통과시나 전차선이 Pan에서 이선되었을 때

　– 일시적인 무가압상태에서 MCB가 차단되는 일을 방지하기 위함이다.

10) 교교절연구간을 만든 이유는?

　① 교류전원(M상, T상) 위상차를 구분하기 위해 설치한다.

　② 교교절연구간의 길이는 22m이다

11) 교직절연구간을 만든 이유는?

　① 전원이 다른(교류, 직류)구간을 구분하기 위해 설치한다.

　② 교직절연구간의 길이는 66m이다.

12) 교교절연구간 통과 시 운전취급은?

　① 타행표지 전방에서 역행핸들 OFF하고

　② 회생제동개방스위치를 차단 후 타력으로 통과하고

　③ 역행표지 통과 후 회생제동개방스위치를 복귀하고 역행운전한다.

13) 하구배 선로상 교교절연구간 운행 중 정차 시 운전취급은?

　① 타력으로 절연구간 통과 후

② MCBOS(개방스위치) → MCBCS(MCB투입스위치)(MCBR2 무여자)취급한다.

14) 교직절환스위치(ADS)절환 안하고 절연구간 통과해서 최근역 도착 후 조치는?

① ADS를 취급하지 않고 절연구간 통과 시 차량에 이상이 없을 경우는

② ACVRTR 또는 DCVRTR로 인하여 MCB가 차단되므로

③ 절연구간 통과 후 ADS를 절환하면 MCB가 자동으로 투입된다.

15) 교교절연구간 정차 시

(1) 절연구간 전방 정차 시

① MCB ON등, SIV등 점등

② 관제사 및 차장에 통보 후 퇴행 승인 및 차장 전호에 의해 퇴행 후

③ 역행하여 통과

(2) 전부 Pan이 절연구간에 정차했을 때

① MCB 양소등, AC등, SIV등 점등

② 관제사 및 차장에 통보 후 퇴행 승인 및 차장 전호에 의해 25km/h 이하로 퇴행 후 역행하여 정차 후

③ MCBOS(개방스위치) → MCBCS(투입스위치)취급한다.

(3) 중간 Pan이 절연구간에 정차했을 때

① MCB 양소등, AC등, SIV등 점등

② 후부 유니트 ASAN, ADDN, PanVN을 OFF하고

③ 절연구간을 통과하여 복귀하고 정차 후

④ MCBOS(개방스위치) → MCBCS(투입스위치)취급한다.

(4) 후부 Pan이 절연구간에 정차했을 때

① MCB 양소등, AC등, SIV등 점등

② 그대로 역행 취급하여 인출하고 절연구간을 통과해서

③ 정차 후 MCBOS(개방스위치) → MCBCS(투입스위치)취급한다.

16) MCB양소등은 어느 경우에 발생하나?

- MCB기계적 고착 시

17) 교직절환구간 통과시 MCB양소등 시 조치는?

　　교직절환 시 MCB기계적 고착 시 조치는?

　　교직절환 후 1개 MCB 차단 불량일 경우 조치는?

(1) 현상:

　　- MCB 양소등

(2) 조치:

　　① 즉시 EpanDS취급한다.

　　② AC → DC 40km/h 이하, DC → AC 그대로 운전한다.

　　③ 최근정거장 도착 후 EPanDS복귀한다.

　　④ MCB차단 불능 차 MCBN1을 확인

　　　　(모진 시 완전부동취급, 연장급전하고 3M7T로 운전한다)

18) 직류모진 시 현상과 조치사항은?

(1) 현상

　　① 주휴즈가 용손된다(30mm빨간단추 돌출).

　　② MCB차단(60초 후) → MTOFR(주변압기유 흐름 불량계전기)

(2) 조치

　　① 즉시 EpanDS취급

　　② 최근정거장 도착 후 EpanDS복귀

　　③ 해당차 완전부동 취급, 연장 급전하고 전도운전한다.

19) 교류모진 시 현상과 조치사항은?

(1) 현상

　　① DCArr가 동작한다. 차측백색등 FAULT등 점등

　　② AHSLXJDP "교류과전류 1차 현시"

(2) 조치

　　① 즉시 EpanDS취급한다.

　　② 최근정거장 도착 후 EpanDS복귀

　　③ 해당차 완전부동 취급, 연장 급전하고 전도운전한다.

20) 교직절환기(ADS)절환 순간 단전일 경우 조치는? (DC → DC)

(MCB절연불량)

(1) 현상

① DCArr동작한다.

② 모니터에 "교류과전류"현시

③ 차측 백색등, FAULT등 점등, 소등, MCB OFF등 점등

(2) 조치

① 즉시 EpanDS취급한다.

② 최근정거장 도착 후 EpanDS복귀

③ 해당차 완전부동 취급, 연장 급전하고 전도운전 한다.

21) 교직절환기(ADS)절환 후 MCB투입 불능일 때 현상 및 조치는? (AC → DC)

(1) 현상

① 주휴즈가 용손된다.(30mm빨간단추 돌출)

② MCB차단(60초 후)

(2) 조치

① 즉시 EpanDS취급한다.

② 최근정거장 도착 후 EpanDS복귀

③ 해당차 완전부동 취급, 연장 급전하고 전도운전한다.

22) 교직절연구간 통과 시 EpanDS취급하였으나 동작하지 않을 때 조치는?

－ PanDN트립확인하고 복귀불능 시 PanDS스위치를 취급해도 된다.

23) 교교절연구간을 35km/h 이하의 속도로 통과 후 전체 MCB가 차단되는 경우를 설명해 보자.

① ACVRTR이 시간초과(1초)로 무여자되어 MCB가 차단된다.

② 절연구간 통과 후 MCBOS → MCBCS를 취급한다.

24) 교직절환기(ADCg: AC-DC Change Over Switch)에서 AC → DC로 전환하기 위한 절차는?

① 제어회로기능에 의해 MCB 즉시 차단

② AC용 전자변 소자 → 작용실린더 AC 방향으로 작용하던 압축공기를 대기로 배출

③ DC용 전자변 여자 → 작용실린더 DC측 연결방향으로 압축공기 유입 → 피스톤 이동 → 피스톤 로드(Piston Rod)에 연결된 조작레버 동력전달

④ 조작레버 링크장치 이동으로 AC고정접촉부에 접촉되어 있던 가동접촉부(Blade)가 회전 → DC고정접촉부 연결 → 주회로가 DC측으로 구성

제3절 주회로 장치

1) 주회로란 무엇인가?

- 주변환장치(컨버터, 인버터)와 삼상교류 유도전동기 회로를 말한다.

2) CIN(NFB for Conv./Inv. Control:주변환장치 제어회로차단기)트립 시 현상은?

① MCBOR 무여자로 MCB차단되고

② 차측 백색등, FAULT등 점등(모니터에 "주변환기 통신 이상"현시된다)

3) 주변환장치(C/I) 입출력 전원은?

(1) AC구간:

- 25KV → MT(2차측) → AC840Vx2 → 컨버터 → DC1,800V → 인버터 → AC1,100V → 견인전동기

(2) DC구간:

- DC1,500V → 인버터 → AC1,100V → 견인전동기

4) C/I고장 시 현상 및 조치사항은?

(1) 현상

① CIFR 동작, 모니터에 "C/I정지", "송풍기 정지", "주변압기 냉각기정지", 현시

② MCB차단(M'차) 또는 차단 안 될 수도 있다(M차).

③ FAULT등, 차측백색등 점등

(2) 조치

① 고장차 확인 후 MCBOS → RS → 3초 후 → MCBCS(4M6T운전, SIV 고장 시는 5M5T운전)

② Pan하강, BC핸들 취거 → 10초 후 재기동

③ 고장차 CIN확인(주변환기 통신이상 현시)

④ MCBOS → VCOS → RS → 3초 후 → MCBCS

⑤ M′차 C/I이상으로 MCB차단인 경우 연장급전 후 MCBOS → VCOS → RS → 3초 후 → MCBCS

5) 차측백색등은 언제 점등되나?

① EOCR(Emergency Over Current Relay: 비상과전류계전기)동작 시(CM역회전(RPM초과) 시 동작)

② MTAR(MT Aux. Relay: 주변압기 보조계전기)동작 시

③ CIFR(C/I Fault Relay: C/I장치 고장계전기)동작 시

④ SIVFR(SIV Fault Relay: SIV고장계전기)동작 시

⑤ L1FR(L1 Trip Relay: L1차단계전기)동작 시

⑥ ACOCR 동작 시

⑦ ARRCOR 동작 시

6) 과전압방전 사이리스터(OVCRf: Over Voltage Discharging Thyristor)는 무슨 작용을 하는가?

① 주회로에 과전압 또는 오점호 발생 시 동작하여

② 주저항기(OVRe)를 통해 방전시켜 주회로기기를 보호한다.

7) RS(Reset Swich: 복귀 스위치)스위치란 무엇인가?

– 견인 및 보조장치의 모든 기계적 전기 부하를 리셋(Reset)하는 스위치이다.

8) 송풍기고장시 조치후 RS를 취급해야 하는 이유는?

– BMF가 동작하여 C/I의 INV를 OFF하므로 BMF신호를 차단하기 위해서 RS를 취급한다.

9) 송풍기 고장 시 현상 및 조치는?

(1) 현상

① 송풍기정지-(20초 후) → C/I 정지 → (10초 후) → SIV 정지 → (60초 후) → MCB차단

② AC구간-MTAR 때문이다.

③ 모니터에 "송풍기정지", "주변압기냉각기정지"(AC구간) 현시

(2) 조치

① 고장차확인 후 MCBOS−RS−3초 후 MCBCS

② Pan하강, BC핸들취거, 10초 후 재기동

③ 고장차 CIBMN(NFB for "Con./Inv. Blower Motor": 주변환장치송풍기 회로차단기), FLBMN(NFB for "Filter Reactor Blower Motor": 리액터전동송풍기 호로차단기) 확인

④ M`차일 경우만 연장급전 후 MCBOS → VCOS−RS → 3초후 → MCBCS 취급한다.

제4절 제동

1) 비상제동 완해 불능 시 현상 및 조치는?

(1) 현상

① BC(제동제어기)비상위치 확인

② BVN, BNN2, HCRN 차단확인

③ 주공기압력(MR) 확인(MRPS 6.0 OFF)

④ 전후TC차 차장변(EBS1, EBS2) 동작확인

⑤ DSD동작 확인(ZVR불량)

⑥ RSOS 정위치 확인

⑦ ATS, ATC관련 회로 차단기(ATCN, ASCN, ATSN1, ATSN2, ATCPSN…) 트립확인

(2) 조치

① 관제사 및 차장에게 통보 후 EBCOS취급

② ATSCOS 또는 ATCCOS 취급(승인)

2) 주차제동 강제완해방법

① 주차제동 주차위치

② BC전체 완해코크 차단

③ 전부대차 하위 2,3위 주차제동 완해고리 당김

④ BC전체 완해코크 복귀

⑤ PBPS직결

3) 제동 불완해 시 조치사항

① 모니터로 제동 불완해 차량 확인

② BC잔류압력 확인

③ CPRS취급(CPRS(Compulsory Release Switch) 강제완화스위치)

4) CpRS(Compulsory Release Switch:강제완화스위치) 취급 후에도 완해불능 시 조치사항

① 즉시 정차

② BC전체 완해코크 차단

③ 제동축수 비율에 따라 110km/h이하 속도로 운행

5) 비상제동 관련 회로차단기

① HCRN, BVN1, BVN2

② ATCN, ATCPSN, ATSN1

6) BVN1, BVN2 복귀불능 시 조치사항

① 후부TC차에서 EBCOS취급 후 추진운전

② 불가능 시 구원요구

③ BC전체 완해코크 차단하여 비상제동 완해시킬 것

7) 비상제동이 동작하는 조건은?

① BVN1, BVN2, HCRN, ATS/ATC관련 회로차단기 트립 시

② TS 및 ATC에 의한 비상제동 체결 시

③ 제동제어기(BC)에 의한 비상제동 체결 시

④ 주공기압력(MR)저하 시(MRPS 6.0 OFF)

⑤ DSD 동작 시

⑥ 전후 TC차 차장변(EBS1, EBS2)동작 시

⑦ RSOS(Rescue Operating Switch): 구원운전 스위치) 오조작 시

⑧ 열차 분리 시

8) 정차역 진입 시 운전취급은?

① 정차역 진입 시 역행핸들은 OFF 로 하고 60km/h이하 속도로 진입 후

② 초제동 2-4단을 사용하고 동력의 세기에 따라 제동력을 조절하여

③ 정차직전에는 1단 제동으로 제어할 수 있도록 제어하고

④ 정차 후에는 4단 제동을 체결한다.

9) 공전과 활주의 차이점은?

(1) 공전

─ 공전은 역행 시 차륜과 레일 간의 점착력 부족으로 레일에서 헛바퀴 도는 현상

(2) 활주

─ 활주는 제동 시 차륜과 레일 간의 점착력 부족으로 미끄러지는 현상이다.

10) 제동 불완해 시 조치는? (모니터에 "제동불완해" 현시 시)

① 모니터로 BC압력을 확인하고, 완해위치에서 CPRS를 취급한다.

② CPRS를 취급해도 완해 불능 시에는 BC전체완해코크를 취급한다.

11) 제동제어 유니트(구동차+부수차)제동 불능 시 조치는?

① 모니터 BC압력을 확인 후

② 해당차 EODN을 확인한다(EODN(NFB 'Electronic Operating Device').: 전기제동 작용
장치회로차단기).

12) 제동제어장치(EOD(Electronic Operating Device): 전기제동 작용장치)의 역할은?

① 구동차(M,M′차)에 설치되어 있고

② 구동차 1량과 부수차 1량을 1개 제동유니트로 구성하여

③ 상용제동 시 공기제동과 회생제동을 제어한다.

13) EBCOS(Emergency Brake Cut-Out switch): 비상제동 차단스위치)를 왜 취급하나?

① 비상제동 해방 불능 시 31선, 32선을 직접 가압하여

② 강제로 비상제동루프회로를 구성하여

③ 비상제동을 해방시키기 위하여 취급한다.

14) 비상제동 시에는 순수공기제동만 작용하나?

① 비상제동이 체결되면 회동제동지령선(10선)이 무가압되어 회생제동은 작동하지 않는다.

② SR공기로 작용된다.

15) 1개 차량 제동 불능 시 제한속도는? (주공기관 차단으로 제동 불능 시)

① 65km/h 이하로 운전한다

② 제동축 비율: 100% 미만 – 80% 이상

16) 비상제동과 보안제동이란 어떤 제동을 말하는가?

(1) 비상제동

① 비상제동 지령선이 가 차량 EBV를 항상 여자시키고 있다가

② BC핸들 비상위치나 비상제동 지령선이 단선되면 EBV가 무여자 체결되는 제동이다.

③ 상용제동 불능 시나 급히 정차할 필요가 있을 때 사용한다(상시여자, 순수공기제동, SR공기, 응하중 기능).

(2) 보안제동

① 상용제동, 비상제동 불능 시에 사용하는 제동으로

② 전차량 4.0으로 일정한 압력으로 제동이 체결된다.

17) 주차제동은 어떻게 체결되나?

– 스프링 압력에 의해 체결된다.

18) BVN1, BVN2 트립시 어떤 현상이 일어나나?

① 비상제동 체결(BVN1: EMR1, EMR2무여자, BVN2: 31, 32선 전원 차단)

② 역행 불능

③ 출입문 개문 불능(BVN1 트립 시)

19) 공전전환기 I(PEC(Pneumatic Electric Converter): 공전전환기 I(변환기 I))는 무슨 용도로 사용되나?

① 제동통 압력을 전기신호로 변환하여 모니터에 전송

② 제동불완해, 제동력 부족을 검지하고

③ CPRS(Compulsory Release Switch): 강제완화스위치)취급 시 강제완화시킨다(제동통

(BC)공기를 Y절환변으로 배기).

20) 제동감도 시험은 왜 하나?

①   기관사가 제동력을 파악하고

②   제동의 이상유무를 확인하여

③   안전운행을 하기 위함이다.

21) 상용제동, 보안제동 체결시를 기관사는 어떻게 알까?

①   공기압력

②   모니터를 통해서 알 수 있다.

22) 제동 시 전차선 단전 후 급전 시 조치는?

－ MCBOS → RS → 3초 후 → MCBCS 취급한다.

23) 회생제동 중 단전 시 조치는?

(1) 동작원인

ⓐ   전차선 이격시

ⓑ   무전압구간 진입시

ⓒ   Gate 이상시 OVCRf의 동작으로 전차선이 단전된다.

(2) 조치

ⓐ   BC 완해위치로 하여 OVCRf 복귀

ⓑ   OS － RS － 3초 후 CS하여 OVCRf 동작으로 인한 병발고장을 복귀하여 운행

ⓒ   복귀불능시에는 Pan하강 － BC취거 － 10초 후 재기동할 것

24) 상용, 비상, 보안, 주차제동 이외에 다른 제동방법은 무엇이 있나?

①   정차제동,

②   회생제동(발전제동)이 있다.

25) 회생제동력은 속도에 따라 어떤 변화가 있을까?

－ 속도에 따라 제동력이 변한다.

26) 공전(슬립)발생 시 운전취급은?

　– 역행핸들 OFF후 1–4단까지 순차적으로 취급한다.

27) 보안제동 유니트(SBU)누설 시 조치는?

　– 주공기(MR) 압력이 저하되기 때문에 SBU코크를 차단한다.

28) 보안제동통(SBU)누설 시 조치는?

　–주공기 압력이 저하되기 때문에 MR코크를 차단한다(SR, CR, SBR충기불능)(회송)

29) EB(31, 32)선이 단선되면?

　– EBV에 전원이 차단되어 비상제동이 체결된다.

30) ELBR(Electric Brake Relay: 전기제동계전기)는 언제 작동하나?

　– 제동제어기(BC)핸들 1–7단 위치에서 여자되어 견인회로를 차단한다.

31) 제동제어기(BC)핸들 4단에서 제동해방 시 조치는?(29선 단선)

　① 비상제동 체결하고 정차 후 제동기능 검사를 한다.

　② 불능 시 관제사에게 보고하고 지시를 받는다.

32) EBCOS취급 시 차장에게 통보해야 하는 이유는?

　① 차장이 차장변(EBS1, EBS2)을 취급해도 비상제동이 체결되지 않기 때문이다.

　② 따라서 위급 시에는 보안제동을 사용해야 한다.

33) 운전자 경계장치(DSD: Driver Safety Device)가 동작하지 않는 경우는?

　① DSD눌렀을 때

　② 제동취급했을 때

　③ 정차했을 때

　④ 절연구간 통과할 때

34) 전차선 장시간 단전시 조치사항

　① 관제사에게 단전여부 및 급전시기 확인

　② 차장통보

　③ EOCN(NFB for Emergency Over Current):비상과전류차단기)투입취급

　④ Pan하강 후 제동제어기 취거

　⑤ 급전 시까지 대기

　⑥ 축전지 전압 수시 확인(74V)

　⑦ 구름방지 조치(주차제동 주차위치)

완전부동 취급

1) 완전부동취급 시기는?

　① Pan파손 및 집전장치 고장 시

　② EGS 용착 시

　③ ACArr, DCArr 피뢰기동작 시

　④ 주휴즈(MFS)용손 시

　⑤ 디젤차 구원 시

2) 완전부동취급은 어떻게 하나?

　① 관제사 및 차장에 통보

　② MCB차단 Pan하강

　③ 해당차 ADAN, ADDN OFF 후 PanVN OFF

　④ 연장급전실시

　⑤ Pan상승 후 MCB투입

　⑥ 관제사 및 차장에 완료통보 후 전도운전한다.

3) 완전부동취급후 현상은?

　① 해당차 Pan하강, MCB양소등, POWER등 점등불능(역행, 회생 시)

　② SIV등점등, 전원표시등(AC,DC)점등

　③ 연장급전으로 CM 정상구동, 객실등과 냉·난방 반감

참고문헌

[국내문헌]

곽정호, 도시철도운영론, 골든벨, 2014.

김경유·이항구, 스마트 전기동력 이동수단 개발 및 상용화 전략, 산업연구원, 2015.

김기화, 김현연, 정이섭, 유원연, 철도시스템의 이해, 태영문화사, 2007.

박정수, 도시철도시스템 공학, 북스홀릭, 2019.

박정수, 열차운전취급규정, 북스홀릭, 2019.

박정수, 철도관련법의 해설과 이해, 북스홀릭, 2019.

박정수, 철도차량운전면허 자격시험대비 최종수험서, 북스홀릭, 2019.

박정수, 최신철도교통공학, 2017.

박정수·선우영호, 운전이론일반, 철단기, 2017.

박찬배, 철도차량용 견인전동기의 기술 개발 현황. 한국자기학회 학술연구발 표회 논문개요집, 28(1), 14−16. [2], 2018.

박찬배·정광우. (2016). 철도차량 추진용 전기기기 기술동향. 전력전자학회지, 21(4), 27−34.

백남욱·장경수, 철도공학 용어해설서, 아카데미서적, 2003.

백남욱·장경수, 철도차량 핸드북, 1999.

서사범, 철도공학, BG북갤러리 ,2006.

서사범, 철도공학의 이해, 얼과알, 2000.

서울교통공사, 도시철도시스템 일반, 2019.

서울교통공사, 비상시 조치, 2019.

서울교통공사, 전동차구조 및 기능, 2019.

손영진 외 3명, 신편철도차량공학, 2011.

원제무, 대중교통경제론, 보성각, 2003.

원제무, 도시교통론, 박영사, 2009.

원제무·박정수·서은영, 철도교통계획론, 한국학술정보, 2012.

원제무·박정수·서은영, 철도교통시스템론, 2010.

이종득, 철도공학개론, 노해, 2007.

이현우 외, 철도운전제어 개발동향 분석 (철도차량 동력장치의 제어방식을 중심으로), 2018.

장승민·박준형·양진송·류경수·박정수. (2018). 철도신호시스템의 역사 및 동향분석. 2018.

한국철도학회 학술발표대회논문집, , 46−5276호, 국토연구원, 2008.

한국철도학회, 알기 쉬운 철도용어 해설집, 2008.

한국철도학회, 알기쉬운 철도용어 해설집, 2008.

KORAIL, 운전이론 일반, 2017.

KORAIL, 전동차 구조 및 기능, 2017.

[외국문헌]

Álvaro Jesús López López, Optimising the electrical infrastructure of mass transit systems to improve the use of regenerative braking, 2016.

C. J. Goodman, Overview of electric railway systems and the calculation of train performance 2006

Canadian Urban Transit Association, Canadian Transit Handbook, 1989.

CHUANG, H.J., 2005. Optimisation of inverter placement for mass rapid transit systems by immune algorithm. IEE Proceedings -- Electric Power Applications, 152(1), pp. 61-71.

COTO, M., ARBOLEYA, P. and GONZALEZ-MORAN, C., 2013. Optimization approach to unified AC/DC power flow applied to traction systems with catenary voltage constraints. International Journal of Electrical Power & Energy Systems, 53(0), pp. 434

DE RUS, G. and NOMBELA, G., 2007. Is Investment in High Speed Rail Socially Profitable? Journal of Transport Economics and Policy, 41(1), pp. 3-23

DOMÍNGUEZ, M., FERNÁNDEZ-CARDADOR, A., CUCALA, P. and BLANQUER, J., 2010. Efficient design of ATO speed profiles with on board energy storage devices. WIT Transactions on The Built Environment, 114, pp. 509-520.

EN 50163, 2004. European Standard. Railway Applications - Supply voltages of traction systems.

Hammad Alnuman, Daniel Gladwin and Martin Foster, Electrical Modelling of a DC Railway System with Multiple Trains.

ITE, Prentice Hall, 1992.

Lang, A.S. and Soberman, R.M., Urban Rail Transit; 9ts Economics and Technology, MIT press, 1964.

Levinson, H.S. and etc, Capacity in Transportation Planning, Transportation Planning Handbook

MARTÍNEZ, I., VITORIANO, B., FERNANDEZ-CARDADOR, A. and CUCALA, A.P., 2007. Statistical dwell time model for metro lines. WIT Transactions on The Built Environment, 96, pp. 1-10.

MELLITT, B., GOODMAN, C.J. and ARTHURTON, R.I.M., 1978. Simulator for studying operational and power-supply conditions in rapid-transit railways. Proceedings of the Institution of Electrical Engineers, 125(4), pp. 298-303

Morris Brenna, Federica Foiadelli, Dario Zaninelli, Electrical Railway Transportation Systems, John Wiley & Sons, 2018

ÖSTLUND, S., 2012. Electric Railway Traction. Stockholm, Sweden: Royal Institute of Technology.

PROFILLIDIS, V.A., 2006. Railway Management and Engineering. Ashgate Publishing Limited.

SCHAFER, A. and VICTOR, D.G., 2000. The future mobility of the world population. Transportation
    Research Part A: Policy and Practice, 34(3), pp. 171-205. · Moshe Givoni, Development and Impact of
    the Modern High—Speed Train: A review, Transport Reciewsm Vol. 26, 2006.

SIEMENS, Rail Electrification, 2018.

Steve Taranovich, Electric rail traction systems need specialized power management, 2018

Vuchic, Vukan R., Urban Public Transportation Systems and Technology, Pretice—Hall Inc., 1981.

W. F. Skene, Mcgraw Electric Railway Manual, 2017

[웹사이트]

한국철도공사 http://www.korail.com

서울교통공사 http://www.seoulmetro.co.kr

한국철도기술연구원 http://www.krii.re.kr

한국개발연구원 http://www.kdi.re.kr

한국교통연구원 http://www.koti.re.kr

서울시정개발연구원 http://www.sdi.re.kr

한국철도시설공단 http://www.kr.or.kr

국토교통부: http://www.moct.go.kr/

법제처: http://www.moleg.go.kr/

서울시청: http://www.seoul.go.kr/

일본 국토교통성 도로국: http://www.mlit.go.jp/road

국토교통통계누리: http://www.stat.mltm.go.kr

통계청: http://www.kostat.go.kr

JR동일본철도 주식회사 https://www.jreast.co.jp/kr/

철도기술웹사이트 http://www.railway—technical.com/trains/

저자 약력

원제무

원제무 교수는 한양공대와 서울대 환경대학원을 거쳐 미국 MIT에서 도시공학 박사학위를 받고 KAIST 도시교통연구본부장, 서울시립대 교수와 한양대 도시대학원장을 역임한 바 있다. 그동안 대중교통론, 철도계획, 철도정책 등에 관한 연구와 강의를 해오고 있다. 요즘에는 김포대학교 석좌교수로서 도시철도시스템, 전동차구조 및 기능, 운전이론 강의도 진행 중에 있다.

서은영

서은영 교수는 한양대 경영학과, 한양대 공학대학원 도시·SOC계획 석사학위를 받은 후 한양대 도시대학원에서 '고속철도 개통 전후의 역세권 주변 용도별 지가 변화 특성에 미치는 영향 요인 분석'으로 도시공학박사를 취득하였다. 그동안 철도정책, 철도경영, 철도마케팅 강의와 연구논문을 발표해 오고 있다. 현재는 김포대학교 철도경영학과 학과장으로서 철도경영, 철도 서비스마케팅, 도시철도시스템, 운전이론 등의 과목을 강의하고 있다.

전기동차 구조 및 기능 | 특고압 장치

초판발행　　　2020년 8월 10일

지은이　　　　원제무 · 서은영
펴낸이　　　　안종만 · 안상준

편　집　　　　전채린
기획/마케팅　　이후근
표지디자인　　조아라
제　작　　　　우인도 · 고철민

펴낸곳　　　　(주) **박영사**
　　　　　　　서울특별시 종로구 새문안로 3길 36, 1601
　　　　　　　등록 1959. 3. 11. 제300-1959-1호(倫)
전　화　　　　02)733-6771
f a x　　　　02)736-4818
e-mail　　　　pys@pybook.co.kr
homepage　　www.pybook.co.kr
ISBN　　　　　979-11-303-1070-1　93550

정　가　　　　19,000원